19_20 世紀 植物圖鑑

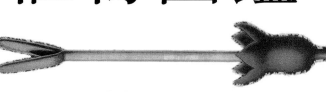

從200多幅植物剖析掛畫
認識植物學的世界

作 者　安娜‧羅倫 Anna Laurent　|　翻 譯　張雅億
審 訂　胖胖樹 王瑞閔　|　植物生理審訂　葉綠舒

The Botanical

Wall Chart
Art from the golden age of
scientific discovery

GENERA of the GYMNOSPERMAE
with the more important
ECONOMIC SPECIES
arranged after
ENGLER & GILG
modified

19_20世紀植物圖鑑

從 200 多幅植物剖析掛畫認識植物學的世界

安娜·羅倫（Anna Laurent）

19~20 世紀植物圖鑑：從 200 多幅植物剖析掛畫認識植物學的世界
The Botanical Wall Chart:Art from the golden age of scientific discovery

作者	安娜・羅倫（Anna Laurent）
翻譯	張雅億
審訂	胖胖樹　王瑞閔
植物生理審訂	葉綠舒
責任編輯	謝惠怡
內文排版	唯翔工作室
封面設計	郭家振
行銷企劃	謝宜瑾

發行人	何飛鵬
事業群總經理	李淑霞
副社長	林佳育
圖書主編	葉承享

出版	城邦文化事業股份有限公司　麥浩斯出版
E-mail	cs@myhomelife.com.tw
地址	104 台北市中山區民生東路二段 141 號 6 樓
電話	02-2500-7578

發行	英屬蓋曼群島商家庭傳媒股份有限公司城邦分公司
地址	104 台北市中山區民生東路二段 141 號 6 樓
讀者服務專線	0800-020-299（09:30 ～ 12:00；13:30 ～ 17:00）
讀者服務傳真	02-2517-0999
讀者服務信箱	Email: csc@cite.com.tw
劃撥帳號	1983-3516
劃撥戶名	英屬蓋曼群島商家庭傳媒股份有限公司城邦分公司

香港發行	城邦（香港）出版集團有限公司
地址	香港灣仔駱克道 193 號東超商業中心 1 樓
電話	852-2508-6231
傳真	852-2578-9337

馬新發行	城邦（馬新）出版集團 Cite（M）Sdn. Bhd.
地址	41, Jalan Radin Anum, Bandar Baru Sri Petaling, 57000 Kuala Lumpur, Malaysia.
電話	603-90578822
傳真	603-90576622

總經銷	聯合發行股份有限公司
電話	02-29178022
傳真	02-29156275

製版印刷	凱林彩印股份有限公司
定價	新台幣 990 元／港幣 330 元

2021 年 7 月初版一刷
ISBN　978-986-408-704-4
版權所有・翻印必究（缺頁或破損請寄回更換）

First published in Great Britain in 2016 by ILEX,
an imprint of Octopus Publishing Group Ltd
Octopus Publishing Group
Carmelite House
50 Victoria Embankment
London, EC4Y 0DZ
Text copyright © Anna Laurent 2016
Design and layout copyright © Octopus Publishing Group 2016
All rights reserved.
Anna Laurent asserts the moral right to be identified as the author of this work.

國家圖書館出版品預行編目資料

19-20世紀植物圖鑑：從200多幅植物剖析掛畫認識植物學的
世界/安娜・羅倫（Anna Laurent）作；張雅億翻譯. -- 初版.
-- 臺北市：城邦文化事業股份有限公司麥浩斯出版：英屬蓋
曼群島商家庭傳媒股份有限公司城邦分公司發行, 2021.07
　　面；　　公分
譯自：The botanical wall chart : art from the golden age of
　　scientific discovery
ISBN　978-986-408-704-4（精裝）

1.植物圖鑑

375.2　　　　　　　　　　　　　　110008810

目錄

引言：
科學家、插畫家與教育家　6

科學家、插畫家與教育家

「科學上足以信賴的自然掛畫，能取代教室教學與講座所用的自然物件；這些掛畫比言語更具啟發作用。」

植物學家多德爾 - 波特（Dodel-Port）

這本書不僅是插畫與資料查詢的檔案庫，更記錄了 19 世紀末與 20 世紀初，蓬勃發展的學科之間不同於以往的融合。歐洲當時正值科學發現的輝煌年代，博物學家開始探索地球，人們也渴望對自然界有更多認識。對於教學法的探求不再只限於菁英份子的學術沙龍與研究；教育已被視為是全民都能享有的權利，實踐於歐洲各地的教室中。於是，結合了藝術、科學與教育的植物掛畫應運而生。

具教育性質的掛畫最早出現在 1820 年代的德國，主題不限於科學（還包括歷史與宗教教學），但植物掛畫顯得格外獨特，原因是背後集結了一群專心致力的傑出創作者：教授、作家、插畫家、生物學家，當然也少不了植物學家。新興社會潮流的匯集，包括遍及社會各階級的義務教育與進步的印刷技術，將為科學教育種下革新的種子，並透過花藥、花瓣、根莖、雄蕊與種子的美麗圖畫傳播開來。理想的掛畫具有兩大特色：一是幅面大，使大間教室裡的人容易看清楚；二是能展現出生物的全貌。印上放大的花粉粒與解構的子房後，掛畫能用來取代解剖實驗室與顯微鏡。畫上通常沒有說明文字（有時會以簡短列表的形式出現在底下或背面），促使學生必須自己決定如何從科學角度敘述所見。教育家相信探究教學是最好的學習方式，能激勵學生去探索畫像細節，並運用自己的知識描述授粉過程、生物形態圖或是閉му的測量圖。這並不表示光靠掛畫本身就已足夠；儘管掛畫的功勞受到肯定，但教育家同時也深知檢視活標本有其必要。一篇關於奧圖·施梅爾（Otto Schmeil）系列著作的評論如此表示：「繪圖與用色的技巧相當卓越，畫像的尺寸也非常大，即使距離遙遠還是能清楚看見所有東西，這些都令人不得不予以讚揚。然而儘管如此，這些畫本身仍舊帶有某種風險——雖然僅限於不適任或懶惰的教師在完全以掛畫作為教學依據的情況下。原因是在研究植物時，必須以大自然為師；也就是說，學生必須要親手拿著新鮮的樣本進行解剖。一旦這麼做了，就能帶著莫大的收穫，回頭觀察教室裡的掛畫。」

這本精選集所收錄的掛畫部份源自著名叢書，包括生態學之父奧圖·施梅爾的《植物掛畫》（Botanische Wandtafeln，1913 年）、赫曼·齊普爾（Hermann Zippel）與卡爾·博爾曼（Carl Bollmann）的《彩色掛畫中的外來作物》（Ausländische Kulturpflanzen in farbigen Wandtafeln，1889 年），以及瓊（Jung）、科赫（Koch）與昆特爾（Quentell）的《新式掛畫》（Neuen Wandtafeln，1902–1903 年），後者以深黑色背景作為他們的代表特色。另外亦有部分掛畫來自瑞士植物學家阿諾德與卡洛琳娜·多德爾 - 波特（Arnold and Carolina Dodel-Port），他們細心地備註了畫下植物的日期；以及來自安德烈與瑪德蓮·侯西諾（André and Madeleine Rossignol），他們特別強調簡單與清楚。

書中實例取材自世界各國，不僅提供了豐富的比對資料，亦見證了植物掛畫恆久不變的影響力。這些掛畫呈現在書中的模樣就和當初被發掘時完全相同，上面的磨損痕跡是它們曾作為教具的證據。雖然這些掛畫無疑被視為傑出的植物插畫作品（不論是在現今或當時），但它們的實用性與預設使用環境亦不容忽視。而這正說明了我們為何不時會在掛畫上發現膠帶、掛桿、筆記、摺痕、訂書針與翻譯符號——這些都證明了掛畫在教育上佔有一席之地。

對頁圖：

標題	問荊／田野馬尾草（Equisetum arvense/ Aekerschaehtelhalm）
作者	亨利希·瓊（Heinrich Jung）、弗里德里希·昆特爾（Friedrich Quentell）博士；插畫家：戈特利布·馮·科赫（Gottlieb von Koch）博士
語言	無
國家	德國
叢書／單本著作	《新式植物掛畫》（Neue Botanische Wandtafeln）
圖版	42
出版社	Fromann & Morian（達姆施塔特〔Darmstadt〕，德國）；Hagemann（杜塞道夫〔Düsseldorf〕，德國）
年份	1928 年；1951–1963 年

對頁圖：

鮮明的色彩以代表性黑色背景作為襯托，加上強而有力的構圖，也難怪瓊、科赫與昆特爾的掛畫會成為令人垂涎的藝術品，在設計界裡重獲新生。這本書涵蓋了豐富多樣的藝術表現形式，包括《多德爾—波特掛畫集》（Dodel-Port Atlas）所描繪的微觀景致，以及亨麗葉特·薛爾修斯（Henriette Schilthuis）親筆簽名的精美水彩圖版。掛畫就和一旁附加的文字說明一樣具表達力，透過獨特的風格與藝術家的觀點，訴說著自己的故事。

Equisetum arvense / Ackerschachtelhalm

Lehrmittelverlag Hagemann, Düsseldorf

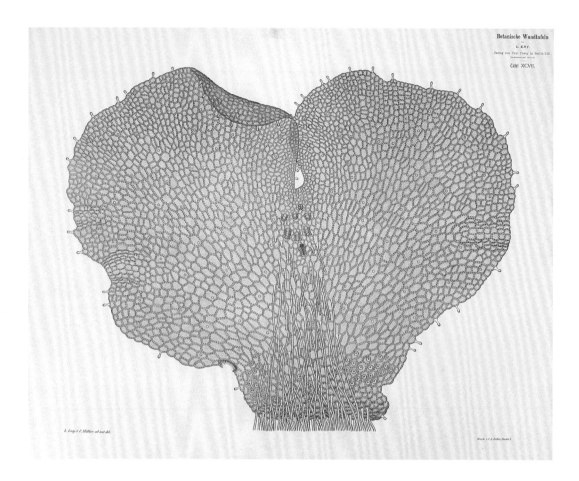

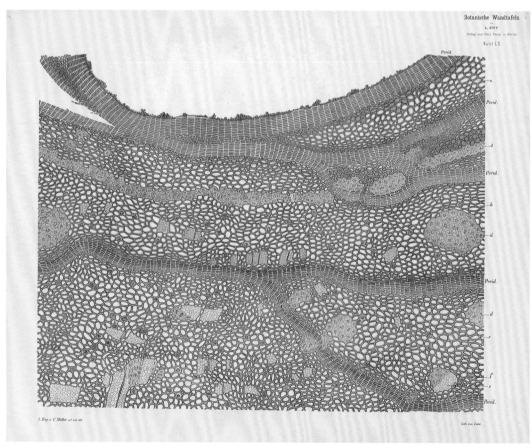

這本書的章節是根據植物的科名加以編排，使讀者不僅能比較不同國家與教學背景的插畫家，如何呈現相同的物種或科，也能學習基本的分類法（每一章的開頭都會簡單介紹該科的特徵）。在大多數的情況下，19 世紀的植物學家都是依據沿用至今的分類系統來劃分物種。只有在少數的例子中，物種會被重新命名或歸類。分類學一向令植物學家感到頭痛，在替植物物種分類時，他們總是絞盡腦汁，設法讓這些類別能反映出植物的行為與演化。雖然林奈（Linneaus）發展出一套有用的「二名法」（binomial nomenclature）分類架構，然而這只是一個開始。現今的植物學家仍持續衡量生物形態上的特徵並重新分類。正如物種會演化，科學也會革新。本書藉由依植物科名替掛畫分類的方式，對分類學在過

去與現在是如何為人所理解，提供了深入的見解。某些科屬令人訝異：舉例來說，天南星科竟同時包含最小的開花植物（微萍屬）與最大的單花序植物（巨花魔芋）；而馬鈴薯與番茄居然隸屬於同一科，且該科成員竟都是以花著稱的有毒植物（例如顛茄）？這些掛畫的作者在面對同一科內的差異時，處理手法相當不同。舉例來說，齊普爾與博爾曼似乎想盡可能以多種植物填滿掛畫，而侯西諾夫婦則把焦點放在單一物種上，並未提及其科別。

當我著手於本書的研究工作時，我預期自己將建基於現有的學術活動上。植物掛畫是許多經典主題交集之下的產物，包括園藝、美術、歷史、教育、農業與政治。也因此，我以為我的書並不是第一本以掛畫為主題的著作。沒想到結果出乎我意料。我為這本書擬了大綱，結果發現自己在進行研究時舉步維艱：有少數幾篇研究論文提供了推測性的結論；也有一些大學展覽，展出的收藏品雖然具研究價值，但幾乎沒有任何插畫家與作家的背景介紹；另外還有孤掌難鳴的學校課程，雖然將植物掛畫納為教具，意味著已承認這一門研究不足的學科有其重要性，然學校收藏品卻缺乏資金投入考察。越是花時間研究，我得到的答案就越少。

當我到布拉格拜訪農業捷克大學（Czech University of Agriculture）時，助理教授米蘭‧斯卡利奇（Milan Skalicky）向我介紹了教室吊櫃裡滿滿的掛畫，就位於放大蠟模與植物標本的旁邊。在研究了好幾個月的掛畫後，能夠實際觸摸到這些藝術品，令我激動不已。齊普爾與博爾曼、艾伯特‧彼得（A. Peter）、里歐波德‧柯尼……儘管這些掛畫的邊緣破爛、字跡磨損，保存狀態令人大失所望，但我看到許多掛畫上都有粉筆記號和簡略速記，還是覺得很興奮。「在你的大學裡竟然還有人在使用這些掛畫，」我對米蘭說。「有些畫已經褪色、變得破舊了。為什麼你們沒有用更新、更耐用的圖像輔助教具取代它們呢？」我很訝異米蘭竟沒有預料到我的提問。「我們為何要這麼做？有誰能做出比這些掛畫還要好的教具嗎？」當時所製作的掛畫品質確實是無與倫比。

在嚴謹研究與精確圖示的加持下，掛畫為個人與自然界的關係帶來了新的思維模式。這本書包含了用來描述圖片的註解文字，藉以模擬 19 世紀學童的經歷。此外，這本掛畫集的獨特之處在於對風格與資訊展開了全面的考究。等到掛畫幾乎都被捲起來擱置時，一群多元的教育家與畫家早已製作出一系列精選之作——這些迥異的掛畫全都有著相同的目標：使植物學相關的主題變得易親近、有意義且令人印象深刻。

對頁圖：

標 題	歐洲鱗毛蕨（Aspidium filix-mas，上圖）；歐洲赤松（Pinus silvestris，下圖）
作 者	里歐波德‧柯尼（L. Kny）
語 言	德語
國 家	德國
叢書／單本著作	《植物掛畫》（Botanische Wandtafeln）
圖 版	97（上圖）；60（下圖）
出版社	Paul Parey（柏林，德國）
年 份	1874 年

對頁圖：
顯微鏡的發展為科學家與學生開啟了嶄新的視野，然而設備昂貴，且一次僅限一人觀看。相形之下，植物掛畫則提供了一種便利的方式，使顯微鏡底下所收集的知識，得以立即在整間教室裡傳播。透過藝術家與插畫家的巧手，科學也能化為美麗的事物，如同里歐波德‧柯尼在《植物掛畫》中所展示的這兩幅掛畫：上圖是歐洲鱗毛蕨（如今學名為 Dryopteris filix-mas）的顯微觀察，下圖則為歐洲赤松。

I

石蒜科（AMARYLLIDACEAE / AMARYLLIS FAMILY）

　　石蒜科在納入百子蓮科與蔥亞科後，變得更加龐大，共擁有 80 屬與 2258 種植物。該科成員主要源自熱帶與亞熱帶地區（包括南非），不過在世界各地都能找到，特別是在安地斯山脈。它們是多年生草本植物，通常由鱗莖長成，少數例子具有根莖。石蒜科包含許多受人喜愛的園藝植物，例如水仙屬、百子蓮屬、文珠蘭屬、雪花蓮屬、花韭屬、雪片蓮屬、納麗花屬與黃花石蒜屬。黃水仙（*Narcissus pseudonarcissus*）在英國部分地區生長於野外，因華茲華斯（Wordsworth）的《詠水仙》（*The Daffodils*）一詩而聞名。

　　在易凍地區，某些較嬌嫩且花朵豔麗的屬很適合種於盆栽或溫室以供觀賞，例如石蒜屬、蔥蓮屬、孤挺花屬、朱頂紅屬、全能花屬、龍頭花屬、紫瓣花屬與白杯水仙屬。蔥屬不僅涵蓋許多受歡迎的景觀植物與熊蔥，也包含菜園中的主要作物，例如洋蔥、韭蔥、大蒜與蝦夷蔥。蔥屬植物的刺鼻氣味來自脂肪族二硫化物，此一化學物質具抗菌特性。

　　特徵：葉呈線形，通常為基生葉；花被片六枚，通常會連在一起形成花托筒（花管），有時會有副花冠；雄蕊六枚；花為單頂花序或繖形花序，生於花葶（無葉的花梗）之上；果實為蒴果或漿果。

對頁圖：

標　題　雪花蓮（*Galanthus nivalis*，德語名稱為 *Schneeglöckchen*）
作　者　奎林・哈斯林格（Quirin Haslinger）；插畫家：漢斯・帕托威瑟（Hans Pertlwieser）
語　言　德語
國　家　奧地利
叢書／單本著作　《教材：哈斯林格植物掛畫》（*Schoolplaat: Haslinger Batanische Wandtafeln*）
圖　版　1
出版社　teNeues & Co.（肯彭〔Kempen〕，德國）
年　份　1950 年

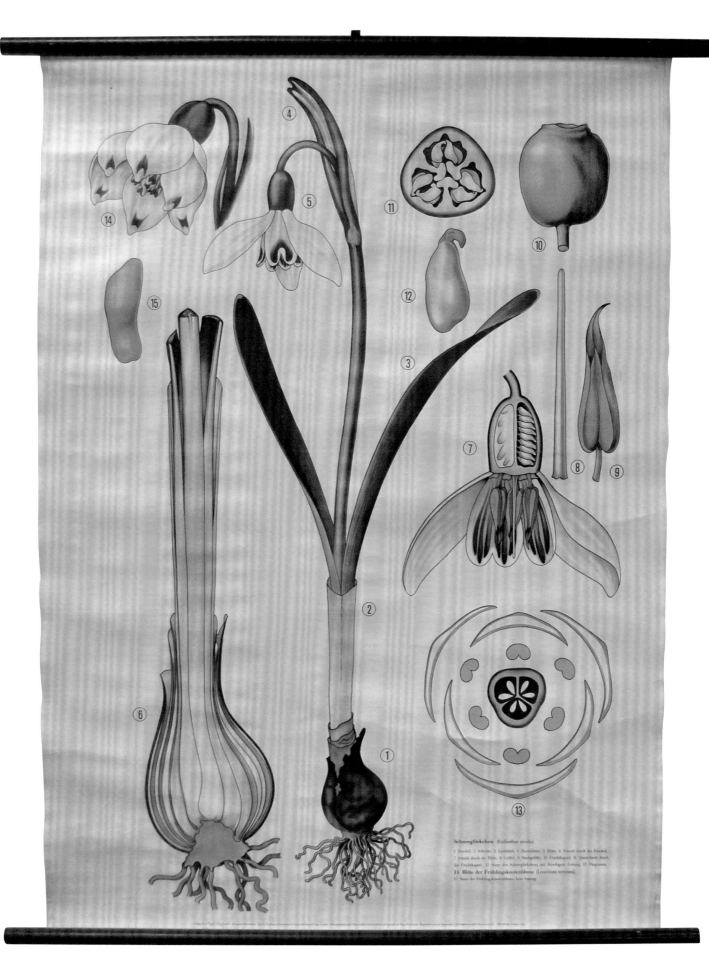

Schneeglöckchen (Galanthus nivalis)

1 Zwiebel. 2 Scheide. 3 Laubblatt. 4 Hochblätter. 5 Blüte. 6 Schnitt durch die Zwiebel.
7 Schnitt durch die Blüte. 8 Griffel. 9 Staubgefäße. 10 Fruchtknoten. 11 Querschnitt durch
die Fruchtkapsel. 12 Same des Schneeglöckchens mit fleischigem Anhang. 13 Diagramm.
14 Blüte der Frühlingsknotenblume (Leucoium vernum).
15 Same der Frühlingsknotenblume, krss Anhang.

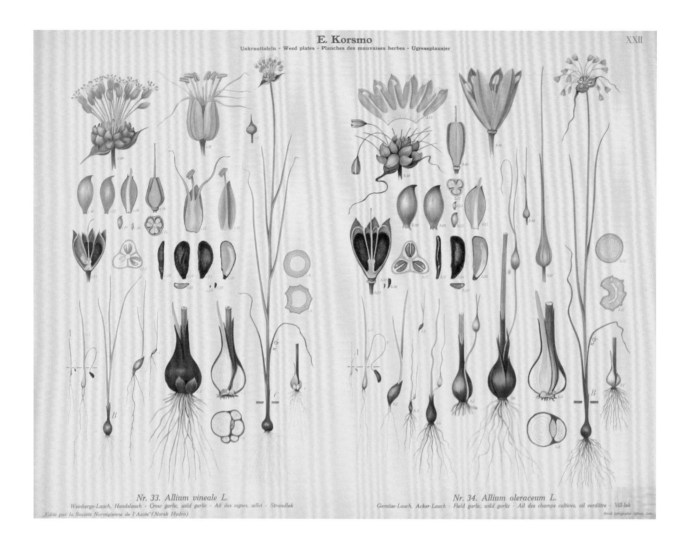

起始頁圖：在精準呈現植物特性又充滿詩意的描繪下，一株端莊的雪花蓮低著頭，彷彿是在迎接如嫩綠地毯般覆蓋大地的春天。在 1 月下旬時，雪花蓮有時會被人發現從覆雪中探出頭來，宣告著冬天已邁入尾聲。奎林·哈斯林格在掛畫中納入了雪花蓮的 14 個部位，並依序編號。從鱗莖（圖 1）、花葶（圖 3）到單花序（圖 5），都能看出雪花蓮是典型的石蒜科植物。雪花蓮的花向下垂，同時具有兩種功能：保護花粉，並形成彎曲的無毛花序梗，

以防止不受歡迎的昆蟲靠近。內輪花瓣上的綠色斑點會指引蜜蜂等受歡迎的授粉者，使其朝向蜜與蜜腺前進。放大尺寸的花藥（圖 9）顯示出上頭的微小裂孔，花粉從那裡被釋放出來。哈斯林格選擇不畫開裂的形式，而是利用兩個橫切面（圖 7、11），概略呈現出多子房的三室合生心皮果實。學生能以此作為依據，預測成熟果實的形態。雪花蓮與許多石蒜科植物相似，種子都是長在蒴果內。

上圖：

標　題	編號 33 葡萄蔥（*Allium vineale*）；編號 34 菜園蔥（*Allium oleraceum*）
作　者	艾米爾·科爾斯莫（Emil Korsmo）；插畫家：克努特·奎爾普德（Knut Quelprud）
語　言	德語、英語、法語、挪威語
國　家	挪威
叢書／單本著作	《雜草圖》（*Unkrauttafeln*）
圖　版	22
出版社	Norsk Hydro（奧斯陸，挪威）
年　份	1934 年

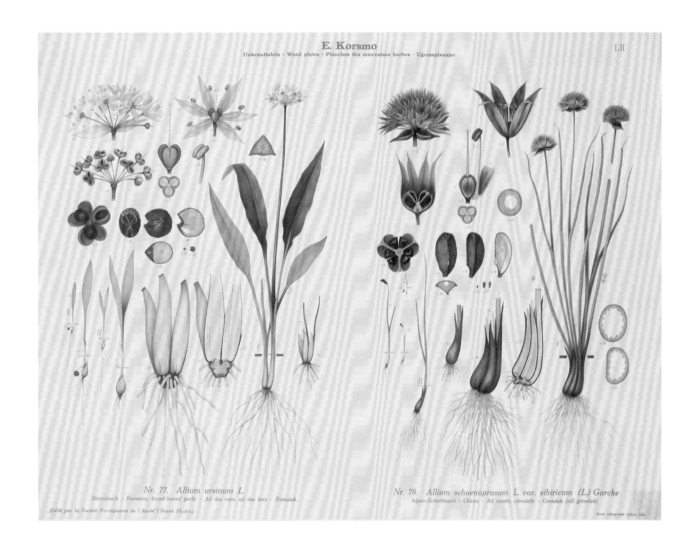

E. Korsmo

Unkrauttafeln · Weed plates · Planches des mauvaises herbes · Ugressplansjer

LII

Nr. 77. Allium ursinum L.
Bärenlauch · Ramsons, broad-leaved garlic · Ail des ours, ail des bois · Ramslok

Edité par la Société Norvégienne de l'Azote (Norsk Hydro)

Nr. 78. Allium schoenoprasum L. var. sibiricum (L.) Garcke
Alpen-Schnittlauch · Chives · Ail civette, ciboulette · Gresslök (villgressløk)

Norsk Lithographisk Officin, Oslo

對頁圖與上圖：艾米爾·科爾斯莫描繪了四種蔥屬植物，卻漏掉蔥、洋蔥、大蒜與紅蔥——對此你若是感到納悶，不妨想一下他的書名：《雜草圖》。在他的書中，所有題材都是在 19 世紀初的歐洲被認定為雜草的植物；沒有一種植物曾以人工方式栽培，幾乎全都是生長於野外。有些作者似乎沒有遵循任何決策準則，而是以模稜兩可的方式為著作命名，例如瓊、科赫與昆特爾的《植物掛畫》（Botanische Wandtafeln）；不過也有些作者是從書名就開始說明全書宗旨：彼得·埃瑟（P. Esser）博士的《德國有毒植物》（Poisonous Plants of Germany）、齊普爾與博爾曼的《德國原生植物》（Native Plants of Germany）都是其中的例子。

在此處所展示的兩幅掛畫中，科爾斯莫描繪了四種蔥屬植物。在歐洲的路邊、平原森林或陽光充足的河堤，都很有可能找到這些植物的身影：第一幅（左頁）是葡萄蔥與菜園蔥從雌蕊開始的對比；第二幅（上圖）則是以熊蔥與野蝦夷蔥為例，更加詳細地介紹蔥屬植物。兩幅掛畫都列於本書當中，藉以顯現科爾斯莫在描繪某一屬植物時的用心、著重於方法論的兩兩相較，以及針對此一經常遭忽略的類別所進行的嚴謹剖析——而這個立基於社會學而非植物學的植物類別，就是雜草。

上圖：

標　題	編號 77 熊蔥（Allium ursinum）；編號 78 野蝦夷蔥（Allium schoenoprasum var. sibiricum）
作　者	艾米爾·科爾斯莫；插畫家：克努特·奎爾普德
語　言	德語、英語、法語、挪威語
國　家	挪威
叢書／單本著作	《雜草圖》
圖　版	22
出版社	Norsk Hydro（奧斯陸，挪威）
年　份	1934 年

對頁圖：在他們的《植物掛畫集》系列中，卡洛琳娜與阿諾德・多德爾 - 波特幾乎都將重點放在植物的生殖上，特別是子房的受精，發生在雄配子與雌配子原生質融合之際。

他們選擇以紅口水仙（*Narcissus poeticus*，俗稱「雉眼水仙」〔pheasant's eye〕或「詩人水仙」〔poet's daffodil〕）為例來呈現受精作用，原因就如同他們的隨圖說明所述：「紅口水仙的情況應該能代表大多數開花植物，此外，這種植物也很容易取得。」由於他們關注的是胚珠，於是那也成為他們所強調的部位。美麗的水仙花幾乎可說是草率地被放在左上角，用來讓學生「至少對整體外觀有些概念」。另外他們也簡單列出了雌蕊、花瓣、柱頭等構造（圖 1、3）。

子房的縱向與水平切面（圖 4、5）分別為我們展現出紅口水仙的內部密室。從花柱的基部開始，胎座沿著子房中軸排列，等待花粉抵達。

說明文字則一貫以這句話作為結尾：「所有圖示皆依據自然實物繪成。」

對頁圖：

標　題	紅口水仙（*Narcissus poeticus*）
作　者	阿諾德與卡洛琳娜・多德爾 - 波特
語　言	德語
國　家	瑞士
叢書／單本著作	《植物的解剖與生理學教育掛畫集》（*Anatomisch physiologische Atlas der Botanik*）
圖　版	35
出版社	J. F. Schreiber（埃斯林根〔Esslingen〕，德國）
年　份	1878–1893 年

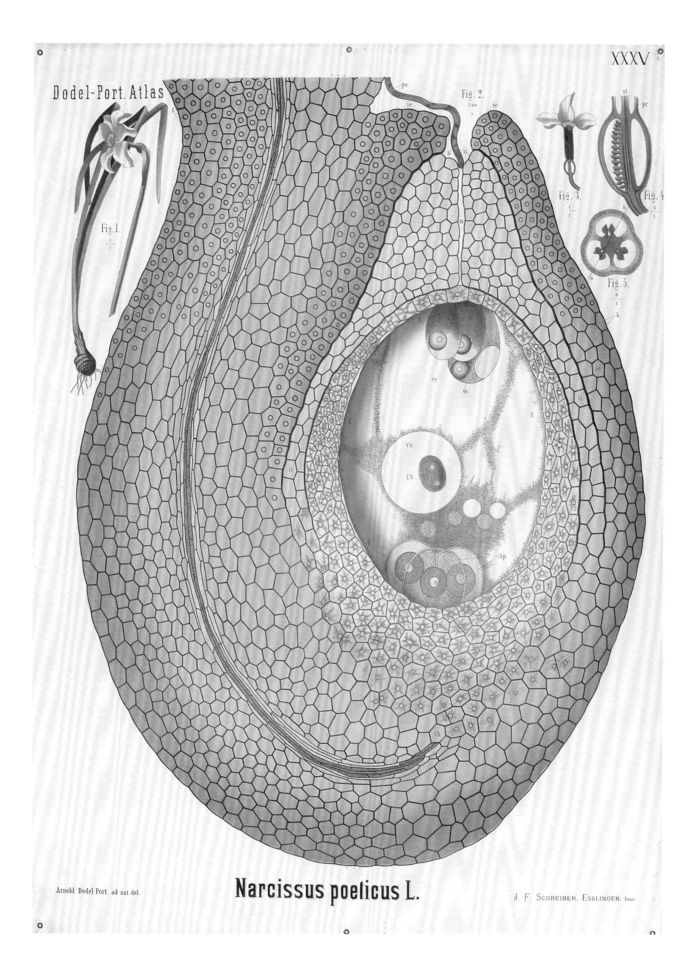

Dodel-Port. Atlas

XXXV

Fig. 1.

Fig. 2.

Fig. 3.

Fig. 4.

Fig. 5.

Arnold Dodel-Port ad nat del.

Narcissus poeticus L.

J. F. Schreiber, Esslingen. Impr.

15

II

繖形科（APIACEAE / CARROT FAMILY）

　　繖形科具有 418 屬與 3257 種，表現形態相當一致。該科亦稱為 *Umbelliferae*，其典型特徵為花序頂端平坦——對授粉昆蟲而言是理想的著陸點。繖形科包含一年生、兩年生與多年生草本植物（幾乎不見灌木），主要出現在北半球的溫帶地區。許多繖形科植物都種來作為食用香草與香料，例如蒔蘿、芫荽、孜然、茴香、歐芹、茴芹、葛縷子、圓葉當歸與細葉香芹。其他則為蔬菜，例如胡蘿蔔、西洋芹與歐防風。

　　常見的園藝植物包括華盛頓椰子（*Washingtonia filifera*）、星芹屬、刺芹屬與糙果芹屬。其中華盛頓椰子又稱為「扇棕櫚」（fan palm），原產於加利福尼亞州東南部、亞利桑那州西部以及墨西哥，如今雖經廣泛栽培，但矛盾的是在野外卻瀕臨絕種。繖形科當中也包含花園雜草，例如可怕的寬葉羊角芹（*Aegopodium podagraria*）與豬草（*Heracleum sphondylium*）。某些繖形科植物的毒性非常強：當古希臘哲學家蘇格拉底被判處死刑時，他所喝下的就是用毒參（*Conium maculatum*）泡製而成的毒藥。

　　特徵：多具芳香，帶有茴芹籽或西洋芹的氣味；葉大，為深裂、多裂或羽狀複葉，有時具剛毛；由小花組成的繖形花序，被苞片或小苞片包覆在葉腋內；萼片退化或不存在；離生花瓣五枚，有時重疊或內折；果實為離果，某些表面有稜，某些具翅。

對頁圖：

標　題	毒芹（*Cicuta virosa*）
作　者	彼得・埃瑟博士；插畫家：卡爾・博爾曼
語　言	德語
國　家	德國
叢書／單本著作	《德國有毒植物》（*Die Giftpflanzen Deutschlands*）
圖　版	13
出版社	Friedrich Vieweg & Sohn（布倫瑞克〔Braunschweig〕，德國）
年　份	1910 年

起始頁圖與右圖：19 世紀晚期的植物學遭遇到一個奇特的困境：隨著外來種的入境日益頻繁，有人開始擔心戰爭與工業化的影響，會使鄉村地區設法辨識本土植物的傳統（分辨出好的、壞的與有毒的植物）變得無足輕重。在此，我們會介紹兩位企圖解決這道難題的作者：在此頁，西格蒙德·席利茲伯格（Siegmund Schlitzberger）描繪了犬毒芹（*Aethusa cynapium*，俗稱「愚人歐芹」〔fool's parsley〕或「毒歐芹」〔poison parsley〕）與毒參（俗稱 hemlock 或 poison hemlock）──掛畫源自他的叢書《常見有毒植物》（*Unsere verbreiteten Giftpflanzen*）；而彼得·埃瑟博士對毒芹（俗稱「水鐵杉」〔water hemlock〕或「長命竹」〔cowbane〕）的仔細解構，則揭開了本章的序幕。埃瑟博士是科隆植物園（Botanic Garden at Cologne）的園長，對於德國人普遍不了解自然界中潛藏的危機，他感到擔憂。他的《德國有毒植物》叢書介紹了特別危險的原生與外來物種，而這些植物確實也對他的國家造成了環境上的威脅。

埃瑟寫道：「在有毒植物中，毒芹屬特別引人注目，因為在所有生長於溫帶地區的植物當中，該屬應該是毒性最強的……〔而〕水鐵杉則是本地最毒的原生繖形科植物。」他透過掛畫熱切地鼓吹學生去了解這類植物的特徵──具披針形葉、繖形花序、下垂苞片、聖杯狀微小果實──但最重要的是去認識植物的根莖。「多數中毒意外之所以發生，都是因為搞不清楚那是西洋芹還是歐芹的大型根莖；根莖對孩童而言尤其危險，因為嚐起來甜甜的。」話雖如此，毒芹屬植物的根莖可能還算容易辨別。埃瑟繼續說道：「如果縱向地切開根莖，應該會清楚看到一些橫裂的氣室。」

如同市面上多數的植物掛畫叢書，席利茲伯格在他的掛畫旁也附上了說明文字。大多數的掛畫作者都是教授、專家或科學家；對他們來說，掛畫所訴說的只是一部分的故事。隨同的書籍則能幫助教師在向學生展示掛畫前，事先了解內容；也使掛畫在任何適當的地點都能廣為傳播，不論當下所擁有的素材或所使用的語言為何。席利茲伯格的掛畫在一般的國小教室、較高階的植物分類課程或農業專門學校中都很適用。

Unsere ve

Ein Schließfrüchtchen im Querschnitt (vergrößert.)
a Eiweißkörper
b die 5 Hauptrippen
c die 4 Nebenrippen
d Thälchen, worunter die Oelkanälchen oder Striemen liegen
e gerippte Fugenfläche.

Blüte, vergrößert.
a Blütenblätter mit eingebogenen Läppchen
b Staubblätter
c Stempelpolster mit 2 Griffeln.

Vergrößertes reifes Spaltfrüchtchen, am gespaltenen Fruchtträger (a) hängend.
b Fugenfläche
c seitlichgebogene Griffel
d die 5 Hauptrippen.

Gartengleisse oder Hundspetersilie. Aethusa Cyna

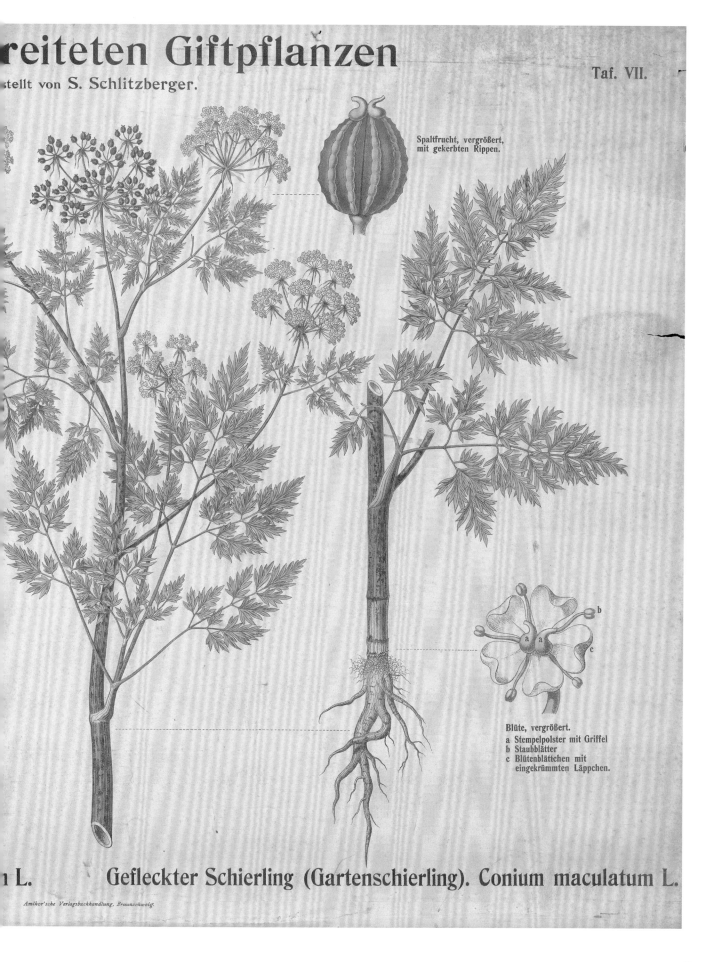

Spaltfrucht, vergrößert,
mit gekerbten Rippen.

Blüte, vergrößert.

a Stempelpolster mit Griffel
b Staubblätter
c Blütenblättchen mit
  eingekrümmten Läppchen.

1 L.   Gefleckter Schierling (Gartenschierling). Conium maculatum L.

右圖：掛畫的設計目的是為了利於發展以「探究」為本的嶄新教育方式；學生將學習辨明問題與答案，而非背誦內容。艾伯特・彼得的畫正是這種教學法的典範。他的畫僅透露少量資訊（通常只會針對某一物種的其中一個面向作說明），但同時也提供大量線索，讓喜歡追根究底的學生能從中推論。在此所展示的掛畫研究的是繖形科的生殖發展。

豬草（*Heracleum sphondylium*）具有以小花排列而成的圓頂狀花序，是典型的繖形科植物。彼得選擇將花序節略為四個花梗，展現出四朵花在不同發展階段的樣子（圖1）。花序中的花由外而內逐漸成熟，以吸引路過的授粉媒介。圖中，中低處花朵的年輕花藥向內彎，而位於上方的花則早已成熟，雄蕊已經脫落。在該圖旁邊（圖2）是一顆成熟的離果，種子隨風傳播。

彼得也描繪了野胡蘿蔔（*Daucus carota*）的單瓣花側面圖（圖4），以及不自然的稀疏花序（圖3）。他依不同比例放大繖形花序中的花朵，譬如放大正中央的花朵。這朵紅色小花的顏色來自花青素，功能是要吸引授粉的昆蟲。

在掛畫的底部，芒刺歐芹（*Caucalis daucoides*）的刺果以大膽的傾斜角度坐落於角落，提醒著我們繖形科植物的雙心皮果實為適應環境，已演化成不需要靠風傳播，而是改以碰運氣的方式，利用芒刺黏在不知情的過客身上搭順風車。

前頁圖：

標　題	犬毒芹、毒參
作　者	西格蒙德・席利茲伯格
語　言	德語
國　家	德國
叢書／單本著作	《常見有毒植物》（*Unsere verbreiteten Giftpflanzen*）
圖　版	7
出版社	Theodor Fischer（柏林，德國）
年　份	1892 年

右圖：

標　題	繖形科
作　者	艾伯特・彼得
語　言	德語
國　家	德國
叢書／單本著作	《植物掛畫》
圖　版	36
出版社	Paul Parey（柏林，德國）
年　份	1901 年

A. Peter, Botanische Wandtafeln. Tafel 36.

1,2.
Heracleum Sphondylium L.
Bärenklau.

1.
Ein Döldchen;
die Blüthen sind bis auf 4
abgeschnitten.

$\frac{20}{1}$

Umbelliferae.

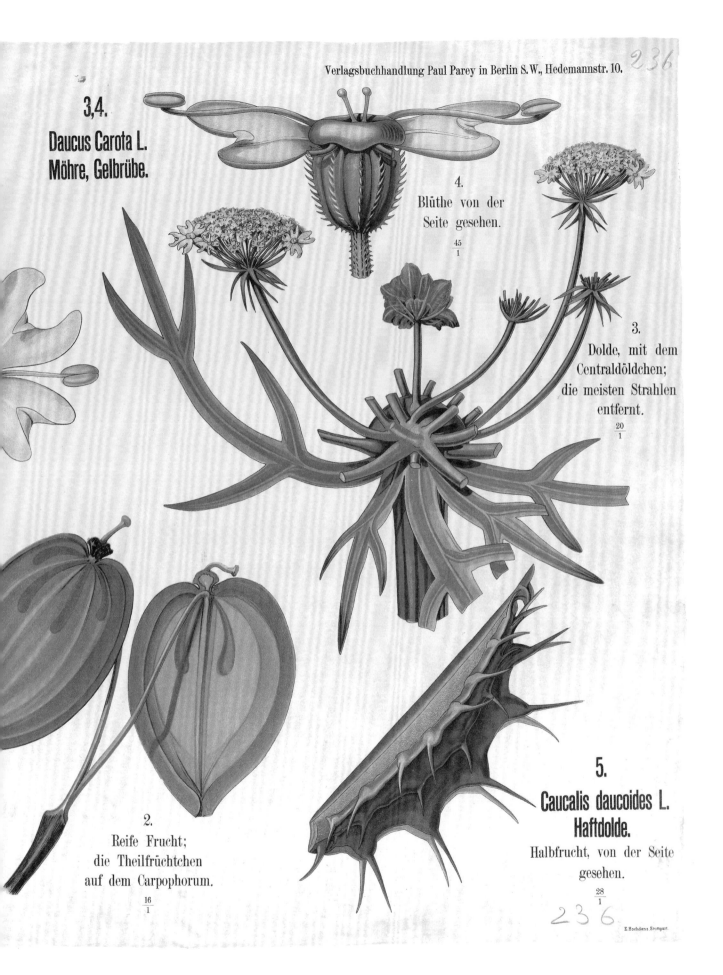

236

3,4.

Daucus Carota L.
Möhre, Gelbrübe.

4.

Blüthe von der
Seite gesehen.

$\frac{45}{1}$

3.

Dolde, mit dem
Centraldöldchen;
die meisten Strahlen
entfernt.

$\frac{20}{1}$

2.

Reife Frucht;
die Theilfrüchtchen
auf dem Carpophorum.

$\frac{16}{1}$

5.

Caucalis daucoides L.
Haftdolde.

Halbfrucht, von der Seite
gesehen.

$\frac{28}{1}$

236

E. Hochdanz, Stuttgart.

Daucus carota

左圖：有別於艾伯特‧彼得以嚴謹的單一剖面圖或單一器官介紹物種，瓊、科赫與昆特爾則屬於另一派插畫家：他們透過縝密與詳盡的描繪，擴展了掛畫的內容。在此，他們以「野胡蘿蔔」（俗稱「安妮皇后的蕾絲」〔Queen Anne's lace〕）作為顯著的繖形科範例，描繪出的特徵包括羽狀分裂的葉片、小花密佈的點狀花序，以及離果的開裂種子（上面有許多向外伸展的纖細芒刺）。在相互交錯的細長輪生苞片上，環繞著五根雄蕊與兩根花柱的五瓣花微微向內彎曲。花的旁邊則是雙子房與年輕種子。種子表面有初生的刺毛，持續生長後將有助於種子的傳播。

這幅掛畫清楚說明了野胡蘿蔔開花週期的各個階段，包括授粉後的球狀繖形花序。授粉時，繖形花序會朝反方向內彎，使形狀變得像一個鳥巢。該圖恰如其分地反映出野胡蘿蔔年輕時的形態──繖形花序隨著小花由外而內逐漸成熟而擠成一團。稍微被輻射狀花梗遮住的子房持續脹大，直到花序頂端透出淡綠色的光，接著繖形花序枝會伸直，向外顯露出年輕的果實。

瓊、科赫與昆特爾在掛畫上方的中央以側面圖闡述此一階段：圓球狀花序宛如貴族一般，搭配上細緻的綠衣領。在此我們能看出野胡蘿蔔與其他繖形科植物的差異，即後者不會隨成熟而改變形態。所有的植物科屬都會參雜一些有毒物種，而且這些物種與它們的無毒親戚外形相似。繖形科也不例外。把鐵杉誤認作野胡蘿蔔可能會致命，因此用於定義物種的任一特徵都很重要，必須要納入教學內容。

然而這幅掛畫對野胡蘿蔔的描繪並不完整，漏掉了第二個用於辨識的特徵：艾伯特‧彼得在前一頁特別強調的小紅花。這朵位於中央的不育花永遠都不會結果；其作用是吸引授粉昆蟲前來。瓊、科赫與昆特爾居然沒提及這朵紅花，令人十分意外，畢竟野胡蘿蔔在北美俗稱「安妮皇后的蕾絲」，就是因為這朵紅花象徵的是安妮皇后據說在縫製蕾絲時，因刺破手指而流下的那一滴血。

左圖：

標　題	野胡蘿蔔
作　者	亨利希‧瓊、弗里德里希‧昆特爾博士； 插畫家：戈特利布‧馮‧科赫博士
語　言	無
國　家	德國
叢書／ 單本著作	《新式掛畫》
圖　版	19
出版社	Fromann & Morian（達姆施塔特，德國）
年　份	1902–1903 年

III

天南星科（ARACEAE / ARUM FAMILY）

　　天南星科包含 117 屬與 3368 種，大多源自潮濕的熱帶地區。其成員為多年生草本或木本植物，通常具有根莖或塊根。有些是攀緣植物，例如龜背芋屬與藤芋屬；有些是附生植物，例如花燭屬；另外有少數是水生或草澤植物，例如箭葉芋屬。天南星科靠蠅類授粉，因此許多都具有難聞的氣味，像是盔苞芋屬與龍木芋屬。有些也具有高刺激性。栽培品種的種植目的是為了它們豔麗醒目的花序，或是美觀的葉子；前者包括天南星屬、疆南星屬、番海芋屬、水芭蕉屬與馬蹄蓮屬，後者則包括五彩芋屬、黛粉葉屬（俗稱「啞巴甘蔗」〔dumb cane〕）與蔓綠絨屬。芋被當作是一種糧食作物，種植目的是為了取其塊莖。該科還包含數種引人注目的野花，例如義大利疆南星（*Arum italicum*）與斑葉疆南星（*Arum maculatum*，俗稱「貴族與貴婦」〔lords-and-ladies〕）。

　　天南星科當中最大的植物是瀕臨絕種的巨花魔芋，由於體積十分龐大，加上在栽培的情況下幾乎很少開花，因此被列入金氏世界紀錄。巨花魔芋每次開花時都會造成轟動，因為會散發惡臭，加上花序與單葉都很碩大——前者可高達十英尺（三公尺），後者可高達 20 英尺（六公尺）。

　　特徵：葉通常為具有網紋的基生寬葉，葉柄明顯；莖通常含有味苦的乳白色樹液；萼裂片四到六枚；無柄小花密生於肉穗花序上，形似花瓣或葉的佛焰苞通常會伴隨或包圍住花序。果實通常為漿果。

對頁圖：

標　題	斑葉疆南星
作　者	彼得・埃瑟博士；插畫家：卡爾・博爾曼
語　言	德語
國　家	德國
叢書／ 單本著作	《德國有毒植物》
圖　版	13
出版社	Friedrich Vieweg & Sohn（布倫瑞克，德國）
年　份	1910 年

1. Blühende ?

起始頁圖：在《德國有毒植物》的引言中，身為科隆植物園園長的彼得・埃瑟博士談到他出版這套叢書的原因：「現今因誤食有毒植物而喪命的意外仍時常發生，其中大多數都是出於無知……〔而這〕證明了出書以傳播有毒植物的相關知識有其必要。」埃瑟取得了卡爾・博爾曼的協助；對方之前曾與赫曼・齊普爾一同出版《彩色掛畫中的外來作物》與《本土植物科屬的代表性成員》（*Repräsentanten einheimischer Pflanzenfamilien*）。埃瑟與博爾曼合作繪製出詳盡的植物側寫，包括廣泛的解剖與發育圖解，使讀者能在任何季節裡辨識出某一種植物。具有區別性的形態細節藉由適當放大的方式予以強調（如同博爾曼 一貫的風格），並以瓊、科赫與昆特爾率先採用的陰沉黑色背景作為襯托。

在所有的天南星科植物中，斑葉疆南星（俗稱「講道壇裡的人」〔jack-in-the-pulpit〕或「貴族與貴婦」）是 19 世紀教材中特別常見的主題，原因在於它的毒性（強）、結構（天南星科獨有）與普遍性（廣泛分佈於歐洲北部的溫帶地區）。埃瑟的斑葉疆南星掛畫特別強調其修長的肉穗花序、隱約可見葉脈的葉片，以及彼此緊靠的成串鮮紅色漿果（此一特徵使斑葉疆南星在結果時立刻就能被認出來）。在掛畫的中央，一株成熟的斑葉疆南星（圖1）展現出根莖、矛形葉，以及稱為「肉穗花序」的單花序。肉穗花序被包覆在一片稱為「佛焰苞」的特化葉裡，因而看不見其解剖結構：位於基部的是一圈雌花（圖5，放大版），每一朵雌花都有內含數個胚珠的單室子房；接著是一圈雄花（圖3，放大版）。在兩組花的上方則是一圈毛狀結構（圖7），在授粉過程中扮演關鍵角色。

對頁圖：瓊、科赫與昆特爾版本的斑葉疆南星強調其深紫色斑點的光滑大型葉——用來警告任何被有毒的鮮紅色漿果所吸引的掠奪者。斑葉疆南星雖不起眼，但它的花需要靠昆蟲授粉。其花序會散發出一種奇特氣味引來小型蠅類，導致它們被困在毛狀物下方。子房比雄蕊還要早成熟，能預防自花授粉，也因此任何抵達柱頭的花粉都是由蠅類從其他的花那裡帶來的。柱頭最終會枯萎並分泌花蜜，然後受困的昆蟲會把花蜜吃掉。接著花藥會成熟並噴出花粉，撒在受困的昆蟲身上——只有在毛狀物枯萎後，這些昆蟲才能獲得釋放，有機會飛離去拜訪別的苞片腔。斑葉疆南星的花序已進化到能確保異花授粉，進而協助其特有果實（含有種子的酸紅色漿果）的生長。這幅掛畫也包含了授粉者：微小的蠅類受困於苞片腔內，從而將花粉散佈在柱頭上，使子房得以受精。

對頁圖：
標題　斑葉疆南星
作者　亨利希・瓊、弗里德里希・昆特爾博士；插畫家：戈特利布・馮・科赫博士
語言　無
國家　德國
叢書／單本著作　《新式植物掛畫》
圖版　32
出版社　Fromann & Morian（達姆施塔特，德國）；Hagemann（杜塞道夫，德國）
年份　1928 年；1951–1963 年

Lehrmittelverlag Hagemann, Düsseldorf

右圖：

標　題	天南星科的花與佛焰苞（*Bloeikolven van Aroïdeeën*）
作　者	亨麗葉特・薛爾修斯
語　言	無
國　家	荷蘭
叢書／單本著作	無
圖　版	無
出版社	女青年工業學校（Industrial School for Female Youth）（阿姆斯特丹，荷蘭）
年　份	約 1880 年

右圖：天南星科在今日或許不特別受歡迎，畢竟該科植物通常既缺乏經濟價值也不普遍；但在 19 世紀後期，它們還算引人矚目。當時，這些植物的分類受到植物學家的仔細審查，而它們的異國風味在大眾眼裡則格外具有魅力。天南星科在 1858 年正式成為一個科別，很快地在 1876 年又經德國植物學家阿道夫・恩格勒（Adolf Engler）修訂（恩格勒同時也是一名卓越的植物分類學家）。對同時代的植物愛好者來說，天南星科植物也顯得相當奇特；而對教育家而言，這些植物提供了一個好機會，讓他們能教育民眾何謂「適應特徵」——例如嗅覺腐肉擬態與迷惑授粉者的現象。

相對於解釋單一物種的生命循環與形態學，亨麗葉特・薛爾修斯選擇描繪數種該科植物，並突顯出它們的共同特徵：具代表性的肉穗花序與佛焰苞。

由左到右：巨花魔芋的肉穗花序與佛焰苞雖然是天南星科的典型特徵，但卻是該科當中的「最高級」——它具有世界上最大的花序，高度通常可達

十英尺（三公尺）。在乳白色肉穗花序的基部與深紫色佛焰苞（最左）的苞片腔裡，有一圈小型雄花，位置在一圈較大的粉紅色雌花（左）上方。當這些花準備好要授粉時，肉穗花序的溫度會升高，並散發出一種令人作嘔的氣味。這種臭味導致巨花魔芋被歸類為「腐肉花」或「屍花」，其作用是要吸引授粉昆蟲前來。

第二種植物（中央）展現出天南星科成員之間的形態變異。一株不具佛焰苞的雌性岩生南星（*Arisaema saxatile*）只露出雌花——顯示出這種植物屬於雌雄異株。其修長的淺綠肉穗花序則是許多天南星科植物的共同特色。與其他成員不同的是，岩生南星會散發出一種宜人的檸檬香氣。

翼檐南星（*Arisaema griffithii*）（右）是著名的天南科星植物，深紫色的佛焰苞上有綠色的網狀脈。

高原南星（*Arisaema intermedium*）（最右）屬於雌雄同株，也具有極長的肉穗花序附屬器。

0.5–1.

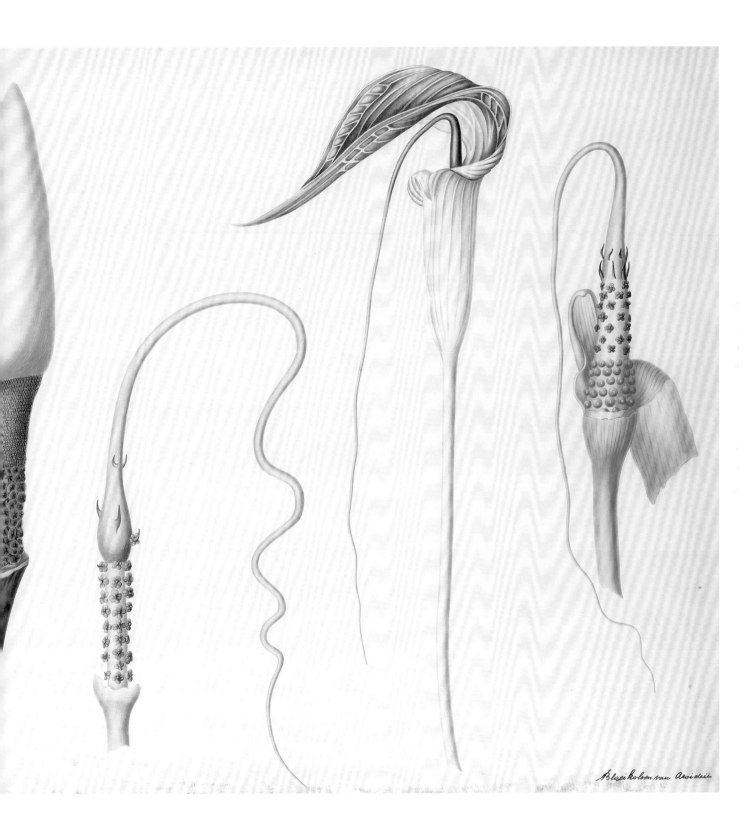

Bloeikolven van Aristolochia

A. Peter, Botanische Wandtafeln. Tafel 66.

Verlag von Paul Parey in Berlin SW., Hedemannstr. 10 u.

2.
Lemna minor L.
Kleine Wasserlinse.
Mehrere ganze Pflanzen,
eine davon blühend.
$\frac{40}{1}$

3, 4.
Pistia
Stratiotes L.

3.
Blütenstand,
von aussen gesehen.
$\frac{22}{1}$

Lemnaceae.

1.
Lemna trisulca L., Dreifurchige Wasserlinse.
Hälfte einer Pflanze. $\frac{1}{26}$

4.
Blütenstand,
längs durchschnitten.
$\frac{26}{1}$

Pistiaceae.

對頁圖：分類學長久以來不僅一直在矇騙植物學家，同時也令外行人困惑不已。天南星科的成員極度混雜，也因此正好能用來解釋分類學為何如此具挑戰性。從所有形態上的證據來看，浮萍、大萍都與天南星科植物相差甚遠。天南星科植物令人望之卻步，因其具有極端的形態特徵與複雜的生殖機制；而浮萍與大萍則是淡水植物，具有世界上最簡單也最小的花（0.04-0.8 英寸，或 1-20 公厘）。最初經辨識時，這兩種植物被放在自己的科裡（分別為浮萍科〔Lemnaceae〕與大萍科〔Pistiaceae〕），而當時的分類是以外觀相似作為判斷依據。一直要到 20 世紀晚期，隨著分子系統發生學的問世，它們才被重新歸類到天南星科。也因此這些掛畫都是歷史文獻，標示出植物科別的演化軌跡。

艾伯特‧彼得同時描繪了青萍（Lemna minor）與品藻（L. trisulca），讓這兩種無性繁殖的植物體優雅地在掛畫上四處漂浮。它們的葉或莖都被認定為未分化，取而代之的是扁平的葉狀植物體，通常下方會拖帶著一條根。隨著成長，這些葉狀體會分離成新的個體。有別於青萍（圖 2），品藻（圖 1）的葉狀體邊緣呈鋸齒狀並沉於水中，而側生的一連串新個體則糾結成片。

最後，從大萍（Pistia stratiotes）身上，我們可以看到這三種植物與天南星科成員的共通特徵：佛焰苞與肉穗花序（雖然尺寸小了許多）。兩株大萍的佛焰苞保護著雌蕊與雄蕊，而一左一右的位置正好也如同佛焰苞一般包圍住其他植物，呼應了掛畫中的弧形構圖。佛焰苞的外側覆蓋著細毛，內側則光滑無毛。彼得選擇不畫出基生的蓮座狀葉叢（沒錯，長相就像是一顆萵苣），很可能是基於空間考量，因為相對於花的大小，葉子會佔掉這本書三章的空間！雖然為了將花的部分放大而犧牲掉葉子，但至少「大萍」這個名字就足以說明該植物具有此一特徵。

對頁圖：

標 題	浮萍科與大萍科（Lemnaceae and Pistiaceae）
作 者	艾伯特‧彼得
語 言	德語
國 家	德國
叢書／單本著作	《植物掛畫》
圖 版	66
出版社	Paul Parey（柏林，德國）
年 份	1901 年

IV

菊科（ASTERACEAE / DAISY FAMILY）

　　菊科也稱為 *Compositae*（拉丁科名）或 daisy family。這個大家族涵蓋了 1911 屬與 3 萬 2913 種，很可能是被子植物中最大的一科。菊科成員遍佈於全球各地，棲地多，變異極大，經常具芳香。它們主要為一年生、兩年生與多年生草本植物，但也包含一些灌木與小樹。

　　菊科當中有太多常見的園藝植物，種類繁多，包括英式農舍花園愛用的紫菀屬、鵝河菊屬、金盞花屬、矢車菊屬、秋英屬、大麗花屬、刺球花薊屬、萬壽菊屬與百日草屬，以及草原風格的紫錐花屬、堆心菊屬、賽菊芋屬、一枝黃花屬與腹水草屬。其他景觀植物還包括薊屬、籟簫屬、木茼蒿屬、鬼針草屬、瓜葉菊屬、金雞菊屬、多榔菊屬、飛蓬屬、勳章菊屬、堆心菊屬、旋覆花屬、麒麟菊屬、橐吾屬與黃菀屬。許多菊科植物對花商而言很有價值，例如菊屬、大丁草屬、蠟菊屬與藍眼菊屬。菊科灌木則有蒿屬、樹紫菀屬與厚冠菊屬。

　　雛菊（*Bellis perennis*）與西洋蒲公英（*Taraxacum officinale*）是菊科當中的其中兩種雜草。朝鮮薊、菊苣、萵苣或鴉蔥則是菜園裡可能會種植的菊科植物。向日葵屬植物的種子能用來提煉葵花油，甜菊（*Stevia rebaudiana*）則能用來生產天然的甜味劑。

　　特徵：葉為基生或互生；樹液通常呈乳白色；花序通常極似單一花朵，屬頭狀花序，由舌狀花與／或管狀花以多種排列方式構成，外覆以總苞，有時具中央盤花；萼片通常特化成鱗片狀、剛毛狀、細毛狀或芒狀冠毛，以助於種子靠風傳播；果實為內含單一種子的連萼瘦果。如果沒有仔細檢視花藥、柱頭、冠毛與果實，可能會很難準確分辨為數眾多的菊科植物。

對頁圖：

標　題	西洋蒲公英
作　者	亨利希‧瓊‧弗里德里希‧昆特爾博士；插畫家：戈特利布‧馮‧科赫博士
語　言	無
國　家	德國
叢書／單本著作	《新式植物掛畫》
圖　版	30
出版社	Fromann & Morian（達姆施塔特，德國）；Hagemann（杜塞道夫，德國）
年　份	1928 年；1951–1963 年

Lehrmittelverlag Hagemann, Düsseldorf
© 1967 · Printed in Germany

起始頁圖：到了 1900 年代，瓊、科赫與昆特爾開始打破他們在早期合作時所建立的規則，捨棄了網格、負空間以及扁平化的維度與架構。儘管他們並沒有描繪整個自然環境，卻有辦法創造出一種超現實又精準的能量。

在此，掛畫呈現出西洋蒲公英的鮮黃色花朵、降落傘般的種子與電流般的蓮座狀葉叢，看起來就像是一場熱鬧的嘉年華會。西洋蒲公英是一種極度耐寒與普遍的植物，憑藉著大量傳播的種子與活力旺盛的軸根迅速拓殖。這三位作者塑造出一個世界——在那裡，微風輕拂的天空中滿是瘦果，土地則因為茁壯生長的根而裂開。任何一位造園師都能作證，西洋蒲公英的根頑強且硬脆，即使用鍬不斷挖掘，仍能持續存活。這種植物的根不會輕易被拔除，而是會碎成段，且每一段根都會長出新的蒲公英。

位於掛畫中央的是根系，而在其右，作者們納入了根段與幼嫩的分枝。配角包括花與莖的橫切面（左下）、矮胖的管狀花與細長的舌狀花（右），以及兩個頑強根部的放大圖。

對頁圖：在他們的《植物生理學掛畫》中，艾伯特·伯恩哈德·法蘭克與亞歷山大·徹許描繪了向日葵（*Helianthus annuus*），而他們所提供的視野學生們想必從未見識過。多年來，顯微鏡對科學家而言逐漸變得更強大也更容易取得，然而對學校來說費用還是太高。因此，像法蘭克與徹許這樣的植物學家就會解剖、放大與描繪出常見植物的細胞結構。這是掛畫帶給教育的重大貢獻，因為當時雖然能採集樣本，作為基礎解剖學研究所用，然而就算只是站在低倍率顯微鏡後看一眼，也僅限於研究實驗室才能做到。在此，法蘭克與徹許提供了成熟向日葵莖的放大橫切面圖，包含初生韌皮部、初生木質部、射髓、皮層與形成層。掛畫底下的小方框裡有註釋，記錄了放大倍率（「在自然狀態下，直徑為 11 公釐〔0.4 英寸〕」）——這是《植物生理學掛畫》一貫的特色。

對頁圖：

標　題	成熟向日葵的莖橫切面（*Erwachsener Stengel von Helianthus annuus Querchnitte*）
作　者	艾伯特·伯恩哈德·法蘭克（Albert Bernhard Frank）、亞歷山大·徹許（Alexander Tschirch）
語　言	德語
國　家	德國
叢書／單本著作	《法蘭克與徹許的植物生理學掛畫》（*Pflanzenphysiologische Wandtafeln von Frank und Tschirch*）
圖　版	19
出版社	Paul Parey（柏林，德國）
年　份	1889 年

Erwachsener Stengel von Helianthus annuus im Querschnitte
Festigung durch den Holzring allein.

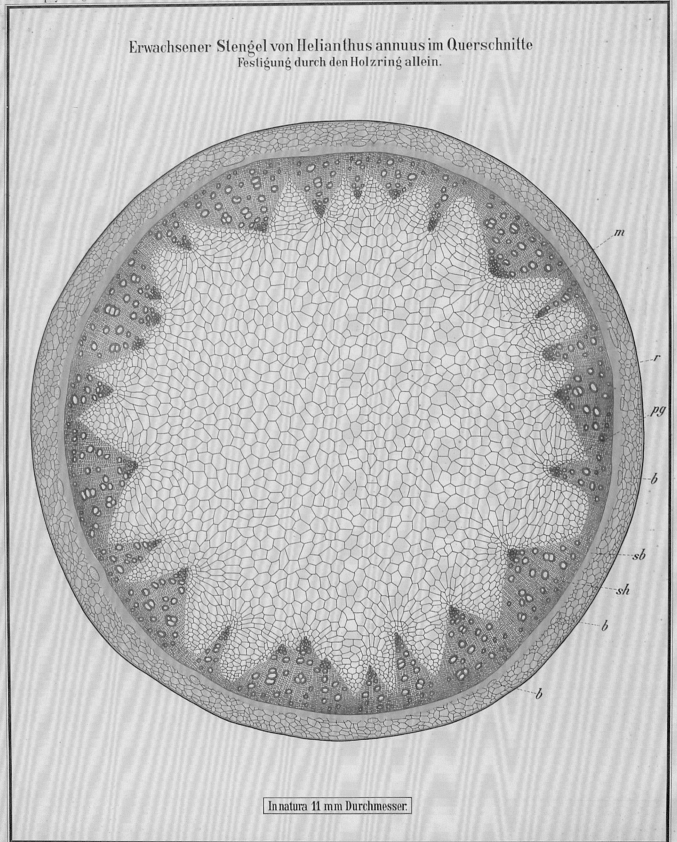

In natura 11 mm Durchmesser.

Verlag von Paul Parey in Berlin.　　　　　　Lith.Anst.u.J.G.Fritzsche Leipzig.

35

右圖：輕盈的花蕾架在多葉的底座
上，洋甘菊看起來就像縮小版的雛
菊，只是多了香甜氣味與功效。馮·
恩格勒德（Von Engleder）為描繪母菊
屬而選擇解剖德國洋甘菊（*Matricaria
chamomilla*），納入了具羽狀分枝與嬌
小花序頂部的完整植株。伴隨的圖還
包括頭狀花序的橫切面，顯露出聚集
在一起的微彎白色舌狀花、黃色管狀
花，以及在複花藥的暈圈下呈弧形的
微小子房。恩格勒德更進一步放大了
這兩種小花、一排雄蕊、葉狀總苞與
一顆種子。

對頁圖：這是一幅來自捷克共和國的掛
畫，與恩格勒德安排有序的白色空間、
乾淨整齊的樣本與系統化的解剖形成
對比。圖中所包含的植物有德國洋甘
菊、同花母菊（*Matricaria discoidea*，或稱
「野洋甘菊」〔wild chamomile〕），以
及淡甘菊（*Matricaria inodora*，或稱「無
臭甘菊」〔scentless chamomile〕）。大
多數的插畫家都希望作品能貼近自然，
而在此，捷克植物學家歐塔卡·杰布里
克（Otakar Zejbrlík）達到了甚至更高的
逼真度。乍看之下，這幅掛畫就像是植
物標本，其著名之處在於以純熟技巧描
繪出的細節與深度，以及植物四處蔓延
的真實感。杰布里克也拒絕按比例縮小
這些成熟的植物，如此一來學生才能輕
易地比較花、葉與莖的大小。這也解釋
了這位作者為何會做出不尋常的決定，
將最高的莖折彎兩次，而非裁短植物的
根、按比例縮小，或是分割莖的部分，
然後把根畫在旁邊。話雖如此，這幅掛
畫的目的其實是要區分這三種植物——
它們全都生長於野外，很容易遭混淆誤
認，也因此維持相同的放大程度是重要
關鍵：這麼做能使學生得以直接比較頭
狀花序、葉的結構與密度，以及植物的
高度。這三種植物的種子形狀也各有不
同，而這次插畫家則選擇慷慨地放大比
例，以展現出這些「微型山脈與山谷」
的地貌。

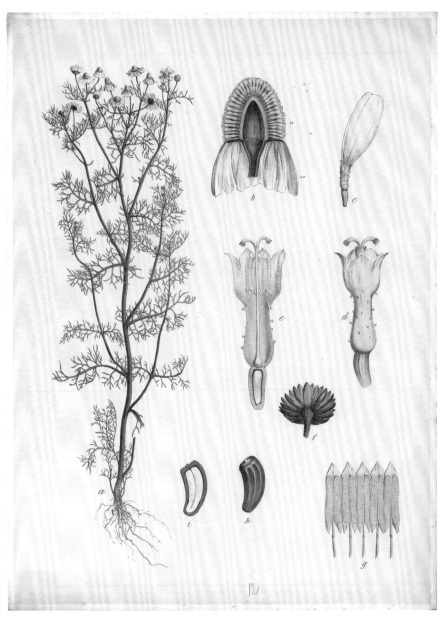

上圖：	
標　題	德國洋甘菊
作　者	馮·恩格勒德；插畫家：C·迪特里希（C. Dietrich）
語　言	德語
國　家	德國
叢書／單本著作	《恩格勒德的自然歷史教育掛畫：植物學》（*Engleders Wandtafeln für den natur-kundlichen Unterricht Pflanzenkunde*）
圖　版	12
出版社	J. F. Schreiber（埃斯林根，德國）
年　份	1897 年

對頁圖：	
標　題	德國洋甘菊、同花母菊、淡甘菊
作　者	歐塔卡·杰布里克
語　言	捷克語
國　家	捷克共和國
叢書／單本著作	不詳
圖　版	不詳
出版社	不詳
年　份	1953 年

HEŘMÁNEK PRAVÝ - *Matricaria chamomilla L.*   HEŘMÁNEK TERČOVITÝ - *Matricaria discoidea DC. (suaveolens BUCH.)*   HEŘMÁNEK NEVONNÝ - *Matricaria inodora L.*

右圖：為了闡述何謂菊科，齊普爾與博爾曼採用了山金車（*Arnica montana*，俗稱「狼毒」〔wolfsbane〕）與德國洋甘菊的解剖圖，並附上編號與對應的說明。值得注意的是子房與萼片之間不同的關係（圖1，山金車；圖2，德國洋甘菊），以及佔據到小花位置的放大種子（圖3、4，山金車）。在右上角落，齊普爾與博爾曼也納入了西洋蒲公英的種子頂部與大翅薊（*Onopordum acanthium*，俗稱「蘇格蘭薊」〔Scotch thistle〕）的花序頂部，區分出可用來辨識這兩種植物的形態發展階段。

兩位作者將焦點放在山金車與德國洋甘菊上，描繪出以傳播策略來區分的兩種菊科主要類型。蒲公英、薊與狼毒的種子都具有冠毛——一種簇生的附屬器，用來幫助種子靠風傳播。然而，洋甘菊、向日葵與菊花並沒有冠毛。這些植物的種子仍是在叢集的頭狀花序內生成，但它們的目標對象卻不同。蒲公英的種子會乘著吹過的微風飄走，而向日葵營養的種子則等待著飢餓的訪客將其帶走。

右圖：

標　題	菊科
作　者	赫曼·齊普爾；插畫家：卡爾·博爾曼
語　言	德語
國　家	德國
叢書／單本著作	《本土植物科屬的代表性成員》
圖　版	第 II 部；31
出版社	Friedrich Vieweg & Sohn（布倫瑞克，德國）
年　份	1879 年

Repräsentanten einhe

II. Abteilung: Köpfchenblüter.

Die Abbildungen, welche nicht besprochen werden, sind zu verhängen!

Fig. I. Berg-Wohlverlei

Nach der Natur.

1. Längsdurchschnitt des Blütenköpfchens, **bl** gemeinschaftlicher Blütenboden, **h** Hüllkelch, **sch** Scheibenblüten, **bl** die zungenförmige Blume, **n** Narben. 3. Eine Scheibenblüte. 4. Dieselbe im Längsschnitte, 12 mal vergr, **s** Samenbeutel; **n**, **h** und **f** wie in Fig. 2. 5. Die Staubblätter der Zwitterblüte, 24 mal vergr., **st** die freien, oben gegliederte 7. Ein Pollenkorn, sehr vergr. 8. Der gemeinschaftliche Fruchtboden. 9. Die Frucht mit der Haarkrone. 10. Diesel Keimlings. Einiges nach Berg, das Meiste nach d

Verlag von FRIEDRICH VIEWEG & SOHN, Braunschweig.

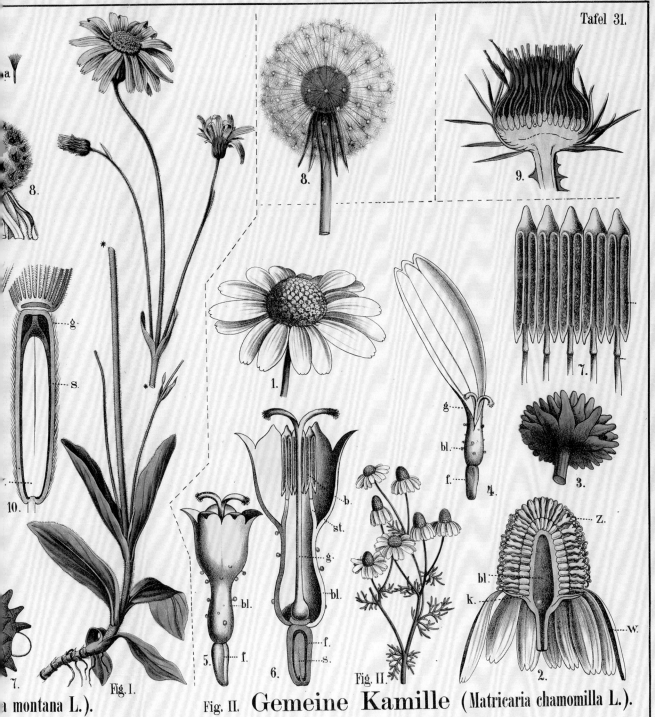

Siehe den ausführlichen Text!

Fig. II. Gemeine Kamille (Matricaria chamomilla L.).

Nach der Natur.

... montana L.).

...en. 2. Eine Strahlenblüte, ⁊, f Fruchtknoten, h Haarkrone. ...e röhrenförmige Blume, st die zur Röhre verwachsenen Staub... r die zur Röhre verwachsenen Staubbeutel, b eins derselben ...nitt, g Fruchtgehäuse, w Würzelchen, s Samenlappen des

1. Einzelnes Blütenköpfchen, vergr. 2. Dasselbe im Längsdurchschnitt, sehr vergr., bl gemeinschaftlicher Blütenboden, k der Hüllkelch. w weibliche Strahlen- blüten, z Zwitterblüten der Scheibe. 3. Hüllkelch von der Rückseite. 4. Eine Strahlenblüte (weibl.), f Fruchtknoten, bl Blume, g Griffel; 5 und 6 zwei verschiedene Zwitterblüten der Scheiben, bei 5 sind die Staubbeutel eingeschlossen, bei 6 ragen sie hervor, 6. längs durchschnitten, f. Fruchtknoten, s Samen- knospe, bl Blume, g Griffel, st Staubfäden, b Staubbeutel; Fig. 6 stärker vergröss. als Fig 5. 7. Die Staubblattröhre der Länge nach aufgeschnitten, von der Innenseite gesehen. Meist nach Berg. 8. Gemeinschaftlicher Blütenboden mit Früchten der Kettenblume (Taraxacum officinale). 9. Längsdurchschnit durch das Köpfchen der Eseldistel (Onopordon Acanthium).

Herausgegeben von HERMANN ZIPPEL und CARL BOLLMANN.   Zeichnung, Lithogr. und Druck des lithogr. artist. Instituts von Carl Bollmann, Gera

對頁圖：在其掛畫集的文字說明中，阿諾德與卡洛琳娜‧多德爾-波特對菊科植物讚譽有加。他們一如往常地表明了掛畫的目的，並以詞藻華麗的散文解釋他們挑選物種的依據：「在此頌揚……自然選擇的勝利」，以及「菊科在生存競爭中佔巨大優勢」的原因。菊科植物是吸引授粉者的專家，懂得善用這些短暫的拜訪，以傳播它們的種子。多德爾-波特夫婦認為，這些適應作用是菊科之所以如此龐大的原因——菊科涵蓋約 3 萬種植物，且據估在所有的開花植物中，該科成員就佔了十分之一。由此可見，菊科植物確實具有絕佳的適應力；矢車菊（*Centaurea cyanus*，俗稱「玉米花」〔cornflower〕）也不例外，甚至具有「改造自己」的能力而令人稱羨——這種植物具有雌雄同體的器官，使其得以在適當時機改變性別。

首先看一下花瓣下方。在矢車菊的花綻放前，具生殖能力的雄性管狀花已發展出開裂花藥，後者會形成管狀結構並釋放花粉。一根花柱在管狀結構的底部耐心等待，在適當時機向上推進後，柱頭下的硬毛就會將花粉掃到管狀結構的頂端。來訪的昆蟲接觸到花時，會導致能感測動作的花藥收縮，並將花粉存放於其上。等花粉被散播後，矢車菊就會轉變為雌性。花柱會繼續成長，直到突破管狀結構的末端，向帶有花粉的昆蟲展露出用於接收的柱頭。

對頁圖：

標　題	矢車菊
作　者	阿諾德與卡洛琳娜‧多德爾-波特
語　言	德語
國　家	瑞士
叢書／單本著作	《植物的解剖與生理學教育掛畫集》
圖　版	41
出版社	J. F. Schreiber（埃斯林根，德國）
年　份	1878-1893 年

Dodel - Port, Atlas.

Centaurea Cyanus, L.

Arnold Dodél-Port ad nat. del.

J. F. Schreiber, Esslingen. Edit

對頁圖：

標　題　菊科
作　者　V・G・切爾札諾夫斯基
　　　　　（V. G. Chrzhanovskii）
語　言　俄語
國　家　俄羅斯
叢書／　《53 幅掛畫中的植物系統分類學》
單本著作（*Sistematika Rasteniy Komplekt
　　　　　Plakatov iz 53 Listov*）
圖　版　37
出版社　Kolos Publishing
年　份　1971 年

右圖：一幅來自俄羅斯的掛畫陳列出
不尋常的菊科植物陣容：一種多肉菊、
一種生長低矮的地被菊，以及一種球
形薊。

款冬（*Tussilago farfara*）俗稱「駒足菊」
（coltsfoot）（圖 I），是一種古怪的植
物；莖上有尖端為紅色的鱗片，花則
是早在長葉前就已冒出——這點很不尋
常，因為葉使植物得以行光合作用，並
接收來自土壤的養分。然而等到款冬的
每一根莖長出單一心形葉時，其貌似蒲
公英的鮮黃色花朵早已經歷了授粉與
傳播的週期。其葉片的上表皮為海洋
綠，下表皮覆滿了羊毛般的白色纖維，
葉脈則如白手套般開展呈掌狀，並具有
絨毛。圖中雖然包含了兩顆在荒蕪的頭
狀花序上的簇絨種子，但款冬通常並不
會從種子生長，而是從過冬的根芽長
出。根芽亦可見於掛畫中。

蝶鬚（*Antennaria dioica*）俗稱「小貓趾」
（pussytoes）（圖 II），可從其覆蓋地
表的柔軟灰葉辨識出來。這種植物的
俗稱並不是從葉子獲得靈感，而是從
緊靠在一起的花簇。這些花簇會在春
末時從低苗床生長，有人說看起來就
像是貓掌上的肉球。

藍刺頭（*Echinops sphaerocephalus*）又稱
「灰白大球花薊」（pale globe-thistle）
（圖 III），會開出棒棒糖狀的花序，
由白色或灰藍色管狀花所組成。莖略有
皺紋，灰色且具細毛，支撐著大量的
尖齒狀大型葉。葉片上表皮佈有細毛，
摸起來黏黏的，下表皮則為白色且具絨
毛。如同許多菊科植物，藍刺頭的種子
也是披有細毛的瘦果，靠風傳播。

ЛОЖНОЦВЕТНЫЕ) – ASTERACEAE

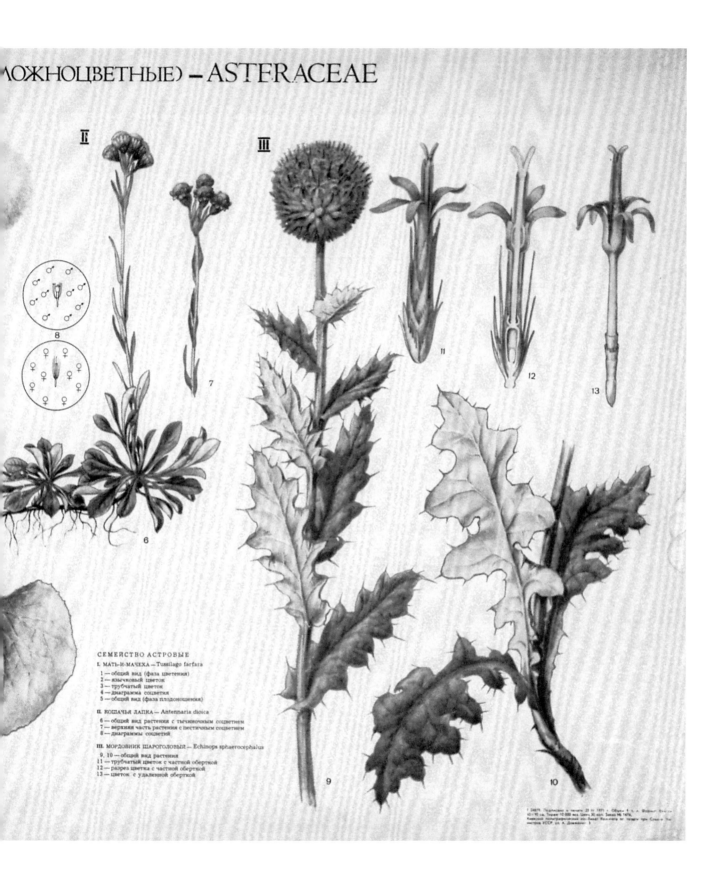

СЕМЕЙСТВО АСТРОВЫЕ

I. МАТЬ-И-МАЧЕХА — Tussilago farfara

1 — общий вид (фаза цветения)
2 — язычковый цветок
3 — трубчатый цветок
4 — диаграмма соцветия
5 — общий вид (фаза плодоношения)

II. КОШАЧЬЯ ЛАПКА — Antennaria dioica

6 — общий вид растения с тычиночным соцветием
7 — верхняя часть растения с пестичным соцветием
8 — диаграммы соцветий

III. МОРДОВНИК ШАРОГОЛОВЫЙ — Echinops sphaerocephalus

9, 10 — общий вид растения
11 — трубчатый цветок с частной оберткой
12 — разрез цветка с частной оберткой
13 — цветок с удаленной оберткой

43

V

十字花科（BRASSICACEAE / CABBAGE FAMILY）

　　十字花科是一個龐大的家族，具有來自世界各地的 372 屬與 4060 種。其成員大多為草本植物，從一年生到多年生都有，葉普遍辛辣，有時亦帶有胡椒味；少數成員為灌木。數個世紀以來，十字花科植物的栽種範圍一直都很廣泛，其中包括許多主要蔬菜與飼料作物，例如青花菜、球芽甘藍、高麗菜、花椰菜、羽衣甘藍、大頭菜、櫻桃蘿蔔、瑞典甘藍與蕪菁。該科也提供許多沙拉蔬菜，例如水芹、小松菜、水菜、馬齒莧、芝麻葉與水田芥；另外也包含香料，例如辣根、芥末與山葵。

　　在園藝植物中，常見的十字花科植物包括兩節薺屬、糖芥屬、香花芥屬、香雪球屬、銀扇草屬與水芥菜屬，也包括庭園造景中愛用的庭薺屬、筷子芥屬與屈田花屬。十字花科還包含許多一年生雜草，碎米薺（*Cardamine hirsuta*，俗稱「多毛苦水芹」〔hairy bittercress〕）與薺菜（*Capsella bursa-pastoris*，俗稱「牧人的錢包」〔shepherd's purse〕）都名列其中。

　　菘藍（*Isatis tinctoria*，俗稱「大青」〔woad〕）現今雖然在北美部分地區被視為有害雜草，然而早在古布立吞人（ancient Britons）所存在的遠古時期，這種十字花科植物卻因為能作為靛藍染劑的原料，而受到歐洲人高度重視。

　　特徵：葉為單葉或全裂葉；花十分整齊一致，為穗狀或總狀花序，呈繖房狀排列，一般不具苞片，經常為白色或黃色；四枚離生萼片與四枚離生花瓣互生，通常呈十字形，也因此十字花科的舊稱為 *Cruciferae*（「十字」的拉丁文為 crucis）；雄蕊經常為六枚；果實為乾燥蒴果，有可能是長角（果的長度為寬度的三倍），也有可能是短角（果的長度不到寬度的三倍）。

對頁圖：

標　題	草甸碎米薺（*Cardamine pratensis*）
作　者	亨利希・瓊・弗里德里希・昆特爾博士； 插畫家：戈特利布・馮・科赫博士
語　言	無
國　家	德國
叢書／ 單本著作	《新式掛畫》
圖　版	5
出版社	Fromann & Morian（達姆施塔特，德國）
年　份	1902–1903 年

Jung, Koch, Quentell'sche Neue Wandtafeln

Cardamine pratensis

Verlag Frommann & Morian, Darmstadt

起始頁圖：或許草甸碎米薺（俗稱「布穀鳥花」〔cuckooflower〕或「女士的襯衣」〔lady's smock〕）最具區別性的特徵，就是在長莖頂端的嬌嫩淡紫色花簇、棲地為潮濕草原，以及花開與春天杜鵑初啼的時機一致（這點很可能是杜撰的）。然而在掛畫中，瓊、科赫與昆特爾強調的卻是葉成對的基生蓮座狀葉叢，模樣壯觀，若從教室的另一頭觀看，其他特徵相形之下顯得較不起眼。微彎成弧形的蓮座狀葉叢在掛畫上蔓延，佔據了一大部分的空間，樣子猶如旋轉的催眠圖，上部的莖則位於其上。

其他元素包括一顆賣弄風情的果實，剝開了長莢露出一排整齊的種子；一顆完整與切半的種子；以及位於左下角的一顆未成熟珠芽與新生根──雖然十字花科以擁有細長的種莢著稱，但某些種類主要仰賴珠芽落地後長出新的植物。

右圖：分類學另一個值得注意之處在於「品系」（cultivar）與「種」（species）的區別。種是以一般的遺傳學作為辨識的依據，而品系則是從野生祖先馴化而來的變種（variety）。一般而言，一個品系與其親本的外表不會相差太多。然而十字花科卻不是如此。十個最常見的十字花科蔬菜儘管在形態上展現出驚人差異，但其實都隸屬於單一種：甘藍（Brassica oleracea）。在分類學上，這些樣貌不同的蔬菜僅以「品系」來區分，代表它們都是從同一個野生祖先「甘藍」馴化而來。在此，一幅來自俄羅斯的掛畫說明了它們之間的幾項差異。

由左開始：排在最前面的是結球甘藍（Brassica oleracea var. capitata，即「高麗菜」）的鋸齒狀寬葉、只在生長第二年出現的修長花穗，以及在第一年長成、葉子緊密的甘藍頭橫切面。接著是球莖甘藍（舊學名為 Brassica oleracea

var. garioides，現已改為 Brassica oleracea var. gongylodes），或稱「大頭菜」。

假設這位插畫家已預先想好將掛畫中的土壤高度都設為一致，那麼球莖甘藍底部的根就是一個線索，點出這個奇形怪狀的紫色球狀物並不是軸根，而是長大的側芽（也因此務農新手不容易把它誤認為甜菜根）。與球莖甘藍相鄰的是花椰菜（B. oleracea L. var. botrytis）。和它的鄰居不同的是，這種蕓薹屬植物的栽培目的不是為了葉或莖，而是為了花；摸起來有顆粒突起的花椰菜頭，其實是未分化的一團特化花序，稱為「花序分生組織」（inflorescence meristem），也就是俗稱的「花球」（curd）。在其右側是球芽甘藍（Brassica oleracea var. gemmifera），莖上長滿了小顆的「高麗菜」，且莖的頂端有一叢葉子。這些小球狀物是腋芽，經人工栽培而輪生在伸長的莖上。最後是在這幅掛畫中，唯一一個不是甘藍變種的植物：櫻桃蘿蔔（Raphanus sativus var. radicula）。腫大的軸根既可食用，也是用來辨識出這種植物的特徵，因為當白色的小蘿蔔頭冒出土壤後，顏色會變深轉紅。

位於掛畫左右兩端的是花序，其重要性不亞於分生組織與軸根。這些花提醒著觀賞掛畫的人：儘管外觀不同，但圖上的這些主角都是源自舊稱為 Cruciferae 的十字花科，因其花瓣均為四枚交叉對生呈十字形。

右圖：

標　題	十字花科
作　者	V．G．切爾札諾夫斯基
語　言	俄語
國　家	俄羅斯
叢書／ 單本著作	《53 幅掛畫中的植物系統分類學》
圖　版	24
出版社	Kolos Publishing
年　份	1971 年

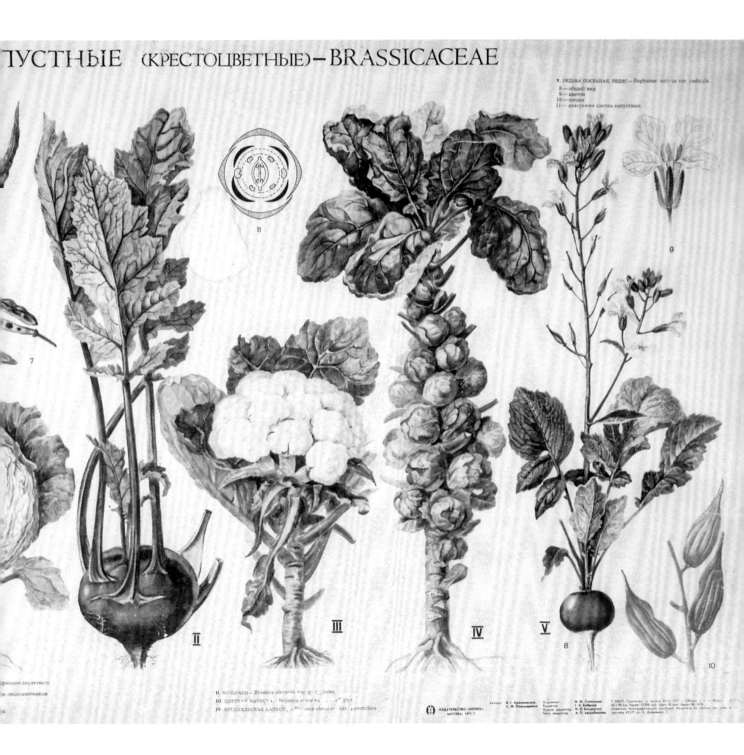

ГУСТНЫЕ (КРЕСТОЦВЕТНЫЕ)—BRASSICACEAE

V. РЕДЬКА ПОСЕВНАЯ, РЕДИС — Raphanus sativus var. radicula
  8 — общий вид
  9 — цветок
  10 — плоды
  11 — диаграмма цветка капустных

II КОЛЬРАБИ — Brassica oleracea var. gongylodes

III ЦВЕТНАЯ КАПУСТА — Brassica oleracea var. botrytis

IV БРЮССЕЛЬСКАЯ КАПУСТА — Brassica oleracea var. gemmifera

ИЗДАТЕЛЬСТВО «КОЛОС»
МОСКВА, 1971 г.

47

對頁圖：除了發展新的植物標本壓製工序外，阿洛伊斯·波科爾尼（Alois Pokorny）也會繪製教育掛畫。他的掛畫整齊精準又兼具美感。與其他某些插畫家不同的是，波科爾尼的設計不僅逼真得令人震撼，還帶有藝術家的筆觸。他微妙地運用陰影、力矩與不對稱構圖，並且對負空間所發揮的力量有著卓越的敏銳度；這些特點各個都難以量化，但組合成「完形」（gestalt）後所呈現的就是波科爾尼特有的美學。

在此，這位 19 世紀的博物學家（也曾是佛洛伊德的教授）分析了西洋油菜（Brassica napus，俗稱「油菜籽」〔rapeseed〕）的性別與後裔。位於掛畫上方的是一朵剛受精的鮮黃色花朵，包括其正面與側面圖。從圖中可見一條纖細的綠色年輕果實從雄蕊之間探出頭來。在其下方的是橫切面顯露出正在發育的胚珠緊貼於子房內。底下的圖則呈現出平面的長角果，包括完整的（連接在親本上以及從親本上移除的）與對切的（分別為水平與垂直地）。然而種子尚未成熟。

位於掛畫最底部的是被剪下的油菜籽，上面有成熟的種莢；開裂的長角果從中裂開露出內膜，以釋放這株植物的後裔——也就是位於其右側的褐色堅硬種子。被散播出去的種子會孕育新的生命，其生長階段就位於掛畫右手邊：從一顆新的幼苗到一株年輕的生根植物，由上而下依序排列。在掛畫左邊的則是一株開花的成年油菜籽，高度橫跨了右側自己的生命週期圖。

對頁圖：

標　題	西洋油菜
作　者	阿洛伊斯·波科爾尼
語　言	無
國　家	德國
叢書／單本著作	《植物掛畫》
圖　版	無
出版社	Smichow（努伯特〔Neubert〕，德國）
年　份	1894 年

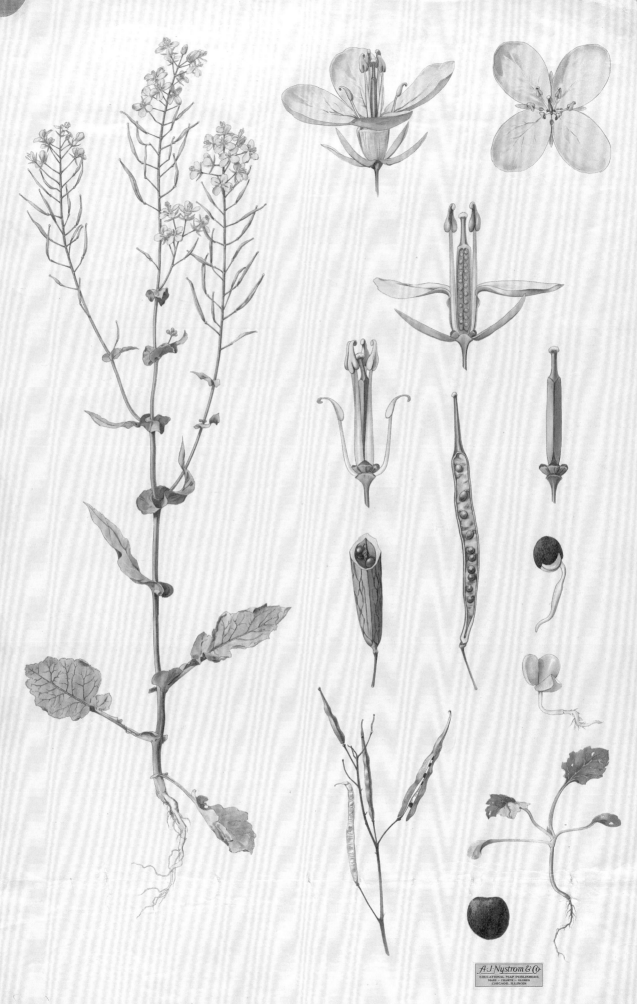

右圖：如同先前所提到的，十字花科植物通常會以典型的長角種莢作為辨別依據。許多插畫家都會在圖中納入這種具有鑑別性的果實，這點很容易理解。不過艾伯特‧彼得的圖會讓看到的人忍不住感到欣喜，因為他決定以各有特色的裂果作為主題，設計出整幅十字花科的掛畫；其中多數植物所結的果實都很獨特，與十字花科的典型種莢幾乎沒有相似之處。事實上，在這幅掛畫中唯一會結出典型長角果的植物（歐亞香花芥〔Hesperis matronalis〕，俗稱「女士的芝麻葉」〔dame's rocket〕），反而是以花朵代表整體作為描繪重點。艾伯特‧彼得更進一步捨棄傳統，將第二個特徵（四瓣花）切開，也因而掩飾了該科著稱的十字形花。他所挑選的植物都具有其他十字花科的代表性特質，但彼得卻選擇踏入異域，描繪非傳統路線的果實（無疑是意識到十字形與長角果一定早就在植物學課程裡教過）。

因此，出現在這幅掛畫中的都是較不為人知的十字花科果實：白芥（Sinapis alba），具有馬刀般的錐形種莢，僅產出少量種子——最多六顆。種莢的殼不會從頭到尾剝去，而是只有下面的部分會掉落，就像兩個帶有刺毛的盒蓋。

野蘿蔔（舊學名為 Raphanistrum lampsana，如今已改為 Raphanus raphanistrum）位於最右側，肥厚的種莢就像尺寸遞減的聖誕樹裝飾球，最後形成一個扭轉的尖端。與多數十字花科植物不同的是，當種子成熟時，野蘿蔔的種莢並不會開裂，而是會分離形成一個個軟木質地的球形莢。

阿爾卑斯山瘭草（Draba aizoides，俗稱「黃色瘭疽草」〔yellow whitlow-grass〕）的果實扁平且呈卵形，外表可能最接近典型的長角果。兩側的殼都會脫落，以便於散播種子。在此同時，與葉柄等長的透明內膜則仍留在莖上，樣子就像是許多具有把手的小鏡子。

菥蓂（Thlaspi arvense）俗稱「田野一分錢水芹」（field pennycress）；之所以有這樣的稱呼，是因為它的果實扁平呈紅銅色，看起來就像無光澤的硬幣。紙狀的果實會縱向開裂以散播種子，並且在所有的種子都掉落之前，會一直連結在植株上。球果芥（舊學名為 Neslea paniculate，如今屬名已改為 Neslia）也是以果實作為命名靈感。

右圖：
標　題　十字花科
作　者　艾伯特‧彼得
語　言　德語
國　家　德國
叢書／
單本著作　《植物掛畫》
圖　版　35
出版社　Paul Parey（柏林，德國）
年　份　約 1900 年

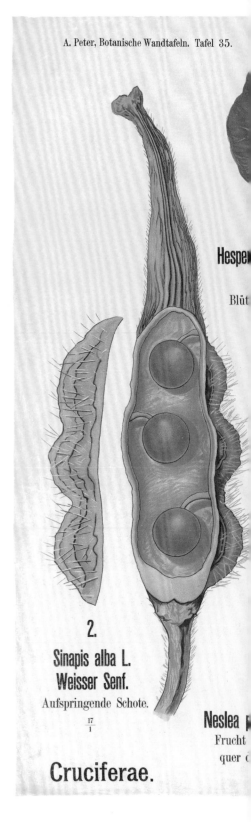

A. Peter, Botanische Wandtafeln. Tafel 35.

Hesper

Blüt

2.
Sinapis alba L.
Weisser Senf.
Aufspringende Schote.
17/1

Neslea p
Frucht
quer c

Cruciferae.

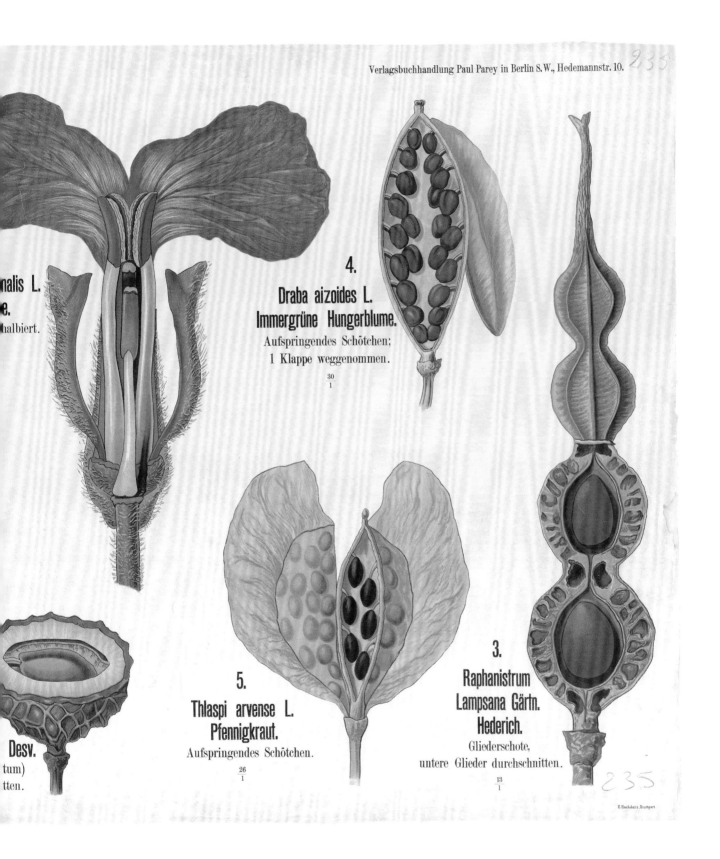

235

4.

Draba aizoides L.
Immergrüne Hungerblume.

Aufspringendes Schötchen;
1 Klappe weggenommen.

$\frac{30}{1}$

nalis L.
e.

halbiert.

5.

Thlaspi arvense L.
Pfennigkraut.

Aufspringendes Schötchen.

$\frac{26}{1}$

3.

Raphanistrum
Lampsana Gärtn.
Hederich.

Gliederschote,
untere Glieder durchschnitten.

$\frac{13}{1}$

Desv.

tum)
tten.

235

E. Hochdanz, Stuttgart.

51

VI

石竹科（CARYOPHYLLACEAE / PINK FAMILY）

　　涵蓋 91 屬與 2456 種的石竹科遍佈全球各地，特別是北半球的北部溫帶地區。該科主要由一年生或多年生草本植物組成，其中包括麥仙翁屬、霞草屬、剪秋羅屬、石鹼草屬與蠅子草屬等都是園藝植物。另外有幾個屬的植物則隸屬於繁縷：荷蓮豆草屬、硬骨草屬、灰卷耳屬、指甲草屬與繁縷屬。

　　最為人熟知的屬（同時也是該科名稱由來）就是石竹屬，其中包括花境類與四季康乃馨，以及常夏與高山石竹。花境類康乃馨在過去稱為「麝香石竹」，不僅常見於中世紀晚期的封閉式花園裡，也出現在文藝復興名畫《粉紅色的聖母》（*Madonna of the Pinks*）中，象徵著聖母瑪利亞的眼淚。某些高山石竹，例如克里森石竹（*Dianthus callizonus*）與刺蝟石竹（*D. erinaceus*），如今在它們的野外棲地都瀕臨絕種。其他遭受威脅的還包括皇家蠅子草（*Silene regia*），之所以如此稱呼，是因為它會利用花萼上的黏毛困住昆蟲；然而其生長的北美大草原（North American prairies）正逐漸消失。

　　特徵：葉通常為無托葉的對生單葉；莖普遍瘦弱或容易斷裂，莖節明顯突起；萼片四或五枚，離生或融合形成長管狀構造；花瓣四或五枚；雄蕊通常八到十枚；具單頂或聚繖花序，通常為二歧聚繖（有兩個側枝）；果實為瘦果、漿果或小堅果。

對頁圖：
標　題　石竹
作　者　保拉・曼菲迪（Paola Manfredi）
語　言　義語
國　家　義大利
叢書／　《簡易植物學：樹林、池塘與大草原》
單本著作　（*Botanica Spicciola: Boschi, stagni, praterie*）
圖　版　不詳
出版社　Antonio Vallardi（米蘭，義大利）
年　份　1923 年

GAROFANO

起始頁圖：除了與胸花、母親節之間了無新意的聯結外，康乃馨（*Dianthus caryophyllus*）更是一種引發國際共鳴的有力象徵。自 19 世紀晚期開始，康乃馨就一直被高舉在空中，作為勞工運動、左翼政黨、改革份子與無產階級的標誌。而在較近期，康乃馨也曾出現在里斯本的街道上。為慶祝軍事政變與公民反抗運動的成功，歡欣鼓舞的軍人與老百姓佔據了大街小巷，步槍槍口與孩童手上都裝飾著康乃馨。這場幾乎無流血衝突的勝利就稱為「康乃馨革命」（Carnation Revolution）。

在義大利的歷史上，康乃馨則象徵「五朔節」（May Day）──頌揚春天、青春、成長與勞工階級的節日。在此，義大利植物學家保拉·曼菲迪描繪出康乃馨修長的莖、雀躍的花序、波浪形的葉片以及健康的根系。在其右側是花的橫切面，近乎對稱的花體上有柱頭、雄蕊與子房。底下則是一個展開的雄器，附有八根雄蕊，另外還有一個開裂的蒴果。

當然，在母親節、五朔節與康乃馨革命之前，別忘了還有莎士比亞：「當季最美的花，就是我們的康乃馨……」（《冬天的故事》〔The Winter's Tale〕，第四幕第三場）。

右圖：齊普爾與博爾曼描繪了石竹目（*Nelkenartige* 或 *Caryophyllales*）。在涵蓋 33 科的石竹目中，同名的石竹科只排名第四大（在番杏科、莧科與仙人掌科之後）。這個狀況並不如看上去的那麼出人意表；別忘了，分類學是流動的，因此科與目也可能像種被重新命名一般，輕易地被更動位置。同樣的道理，展示在這幅掛畫中的四個種當中，有三個是石竹科，另一個則隸屬於石竹目底下的另一科，這點也不令人訝異。畢竟這幅掛畫的標題是「石竹目」，指的就是這一整個科；作者無意欺騙讀者。

肥皂草（*Saponaria officinalis*，俗稱「野生甜威廉」〔wild sweet William〕）是一種常見的多年生植物，在雜亂未經整理之處可能會發現其身影，特別是在灌木樹籬底下和路邊。一本 1847 年的農業植物指南將肥皂草描述為「一種醒目的雜草，藉由根擴張範圍，大量叢生於建築物旁，令（美國的）農場看起來凌亂不堪」（《農業植物學》〔*Agricultural Botany*〕，醫學博士威廉·達靈頓〔William Darlington〕）。然而，在其原生地歐洲，肥皂草長久以來都被用來製作皮膚軟膏（*officinalis* 指的就是植物的藥用特性）以及溫和的肥皂（*Saponaria* 源自肥皂的拉丁文 sapo）。

硬骨鵝腸菜（*Stellaria holostea*）是中西歐與不列顛群島的原生種，之所以俗稱為「刺草」（stitchwort），是因為它據說能有效緩解刺痛。根據 1863 年的相關記述：「他們習慣把它加在酒裡喝，再摻入橡實粉末，以消除身體側邊的疼痛」（《關於英國植物的常見稱呼》〔*On the Popular Names of British Plants*〕，R·C·亞歷山大·普萊爾〔R. C. Alexander Prior〕）。

提到德國結縷草（German knotweed），一段 1796 年的文字記載證實：「沒有什麼能比線球草（*Scleranthus annuus*）更常見於沙土中……尤其是在休耕的田地裡」（《德國植物彩色圖鑑──包括基本特性、同義詞與生長地的介紹》〔*Coloured Figures of British Plants, with their Essential Characters, Synonyms, and Places of Growth*〕，詹姆斯·愛德華·史密斯〔James Edward Smith〕與詹姆斯·索爾比〔James Sowerby〕）。線球草的拉丁學名透露出它是一年生植物，儘管上述記載的作者向大家保證，每年春天都能看到這種耐寒植物重新生長出來。

最後剩下的是多肉植物馬齒莧（*Portulaca oleracea*），隸屬於馬齒莧科（*Portulacaceae*）。

右圖：

標　題	石竹目
作　者	赫曼·齊普爾；插畫家：卡爾·博爾曼
語　言	德語
國　家	德國
叢書／單本著作	《本土植物科屬的代表性成員》
圖　版	第 II 部；41
出版社	Friedrich Vieweg & Sohn（布倫瑞克，德國）
年　份	1879 年

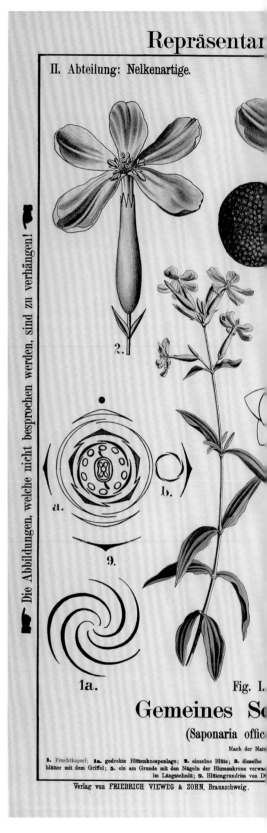

Tafel 41.

IIIa.

Siehe den ausführlichen Text!

Fig IV.

kraut

).

5 Griffel, 8 Samenknospen; 4. die fünf freien Staub-
tt; 6. aufgesprungener Kelch; 7. ein Same; 8. derselbe
s nach Eichler.

Fig. II.

Grossblumige Sternmiere
(Stellaria holostea L.).

1. Einzelne Blüte; 2. dieselbe nach Entfernung der Blumenkrone und des
Kelches; 3. ein Staubblatt; 4. Frucht; 5. geöffnete Frucht; 6. Blüte von
Herniaria glabra L. Fig. 1 bis 6 sehr vergrössert.

Fig. III. **Jähriger Knauel**
(Scleranthus annuus L.).

Nach der Natur. IIIa in natürlicher Grösse. 1. Einzelne Blüte; 2. dieselbe im Längsschnitt.

Fig. IV. Längsschnitt der Blüte vom **gem. Portulak**
(Portulaca oleracea L.).
nach H. Wagner.
1. Längsschnitt der Frucht nach Thomé.

Herausgegeben von HERMANN ZIPPEL und CARL BOLLMANN.

Zeichnung, Lithogr. und Druck des lithogr. artist. Instituts von Carl Bollmann, Gera.

右圖與對頁圖：白玉草、蠅子草與剪秋羅既不是革命的象徵花卉，也沒有被塑造成如此形象，不過，若仔細觀察艾米爾·科爾斯莫所描繪的三種石竹科野花（或雜草，按照他的書名來講的話），會發現在形態與構圖上，他的作品與第 53 頁保拉·曼菲迪的康乃馨掛畫有相似之處。

最值得注意的是，在科爾斯莫的掛畫中，不論是橫切面還是整株植物的圖，這三種花的花瓣、雄蕊與雌蕊幾乎都是對稱排列，另外還有一個特別長的雄器。在這一頁的掛畫上，白玉草（舊學名為 *Silene venosa*，現為 *S. vulgaris*）的花位於中央。儘管其花序向下彎曲，但這朵花卻是以挺直的樣子呈現。膨脹的花萼也是能用來辨別這種植物的特徵，不過科爾斯莫的圖看起來很像是管狀的康乃馨花萼。

第二幅掛畫中的蠅子草（舊學名為 *Viscaria vulgaris*，如今稱為 *Lychnis viscaria* 或 *Silene viscaria*）原生於沙質草地與乾燥的山坡上，圖中可見其高聳如草般的葉與修長的花柄。在其圓錐花序下方有黏稠的分泌物，是用來捕捉植食性昆蟲與花蜜小偷的利器，也是蠅子草之所以得其名的緣故。

在其右側的剪秋羅（*Lychnis flos-cuculi*，俗稱「知更草」〔ragged-robin〕）非常適合擺在這裡，藉以說明掛畫中這兩種植物用以區分的特徵。科爾斯莫以相同的方式解剖與排列兩者，突顯出描繪清晰的星形花、黑色種子與披針形葉——這些都是能用來在野外草地與原野裡辨識出剪秋羅的特徵。

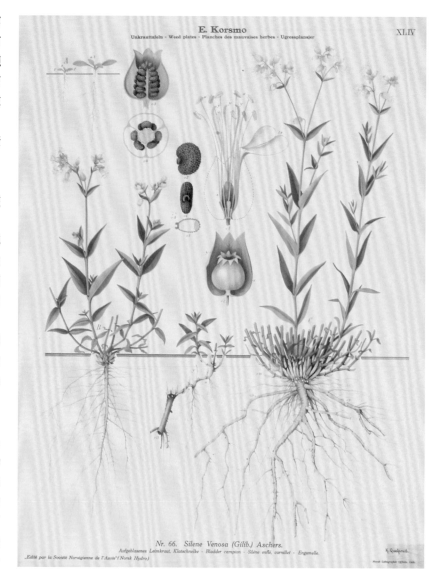

E. Korsmo
Unkrauttafeln · Weed plates · Planches des mauvaises herbes · Ugressplanjer
XLIV

Nr. 66. Silene Venosa (Gilib.) Aschers.
Aufgeblasenes Leimkraut, Klatschnelke · Bladder campion · Silène enflé, carnillet · Engsmelle.
"Edité par la Societé Norvégienne de l'Azote" (Norsk Hydro)

上圖：	
標 題	編號 66 白玉草
作 者	艾米爾·科爾斯莫；插畫家：克努特·奎爾普德
語 言	德語、英語、法語、挪威語
國 家	挪威
叢書／單本著作	《雜草圖》
圖 版	5
出版社	Norsk Hydro（奧斯陸，挪威）
年 份	1934 年

對頁圖：	
標 題	編號 127 蠅子草；編號 128 剪秋羅
作 者	艾米爾·科爾斯莫；插畫家：克努特·奎爾普德
語 言	德語、英語、法語、挪威語
國 家	挪威
叢書／單本著作	《雜草圖》
圖 版	81
出版社	Norsk Hydro（奧斯陸，挪威）
年 份	1934 年

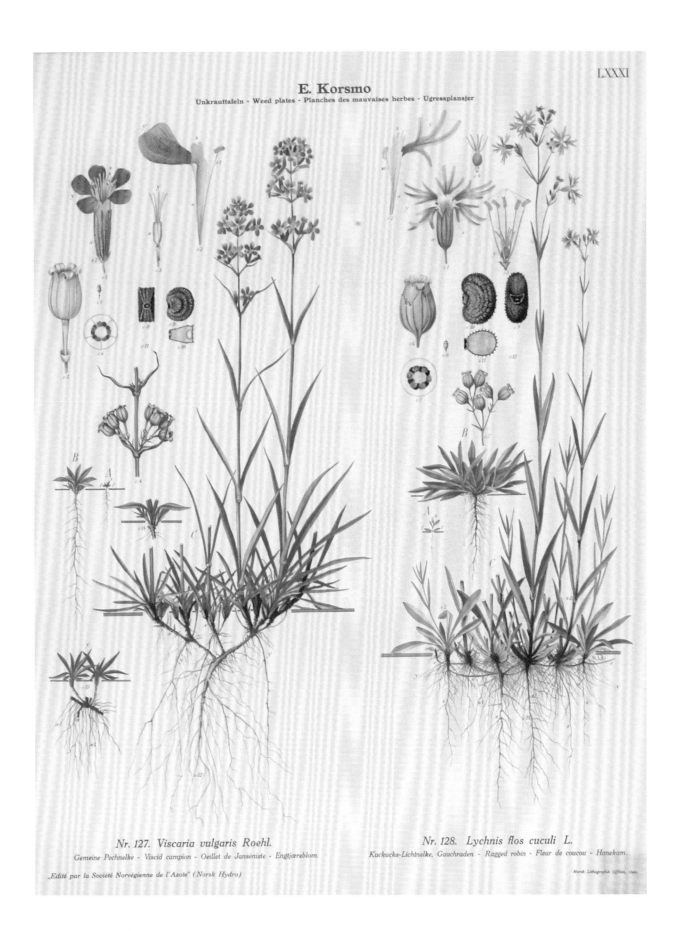

E. Korsmo

Unkrauttafeln - Weed plates - Planches des mauvaises herbes - Ugressplansjer

Nr. 127. *Viscaria vulgaris Roehl.*

Gemeine Pechnelke - Viscid campion - Oeillet de Janséniste - Engtjæreblom.

Nr. 128. *Lychnis flos cuculi L.*

Kuckucks-Lichtnelke, Gauchraden - Ragged robin - Fleur de coucou - Hanekam.

„Edité par la Société Norvégienne de l'Azote" (Norsk Hydro)

Norsk Lithografisk Offkon, Oslo.

VII

旋花科（CONVOLVULACEAE / MORNING GLORY FAMILY）

　　成員相當一致的旋花科涵蓋 67 屬與 1296 種。這些植物來自世界各地的溫帶與熱帶地區，通常為一年生與多年生的草本或木本攀緣植物。旋花科亦稱為「牽牛花科」（the morning glory family；morning glory 是牽牛花的英文名，意思是「早晨的榮耀」）；之所以有如此稱呼，是因為其下有一個受歡迎的園藝屬叫「牽牛花屬」，因具有形狀像喇叭的醒目花朵而為人所種植。牽牛花屬植物普遍受到重視，而與其親緣關係緊密的旋花屬植物則主要為侵入性的花園與農地雜草——例如（*Convolvulus arvensis*）——以及少數人工栽培的園藝變種。在熱帶氣候區，番薯（*Ipomoea batatas*，俗稱「地瓜」〔sweet potato〕）與蕹菜（*Ipomoea aquatica*，俗稱「空心菜」〔water spinach〕）的種植目的是作為糧食作物。菟絲子屬是一個很特別的屬：該屬成員皆為寄生藤，因缺乏葉綠素而無法行光合作用；它們以鱗片取代葉片，並纏繞在宿主植物上，以利用對方的維管束系統獲取養分。

　　特徵：通常具互生單葉；離生或合生萼片五枚；花瓣五枚，形成一個管狀、鐘形或漏斗形的花冠；雄蕊五枚，與花冠裂片互生；聚繖、單頂或團繖花序；果實為蒴果或漿果。莖通常具乳膠，會以纏繞他物的方式攀爬。

對頁圖：

標　題	團集菟絲子
	（*Cuscuta glomerata*, Choisy）
作　者	阿諾德與卡洛琳娜‧多德爾 - 波特
語　言	德語
國　家	瑞士
叢書／ 單本著作	《植物的解剖與生理學教育掛畫集》
圖　版	30
出版社	J. F. Schreiber（埃斯林根，德國）
年　份	1878–1893 年

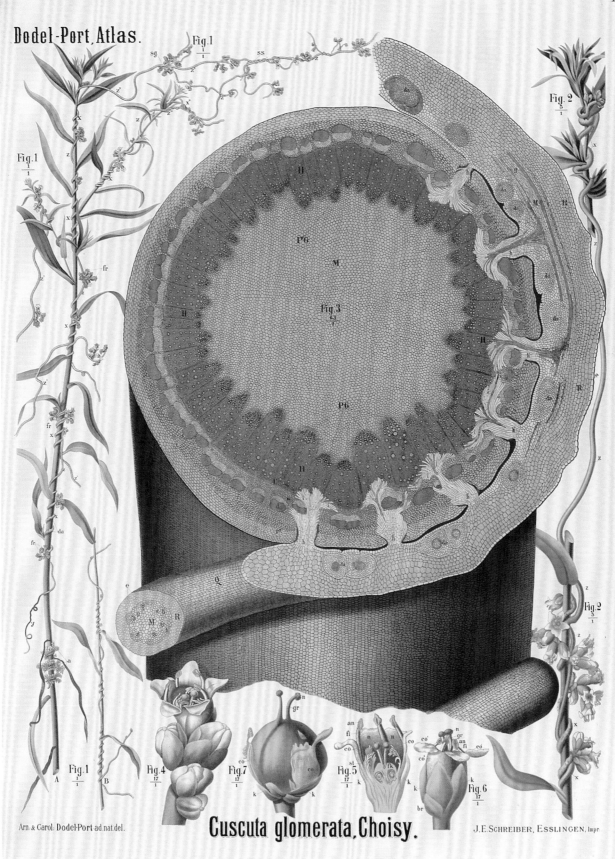

Dodel-Port, Atlas.

Cuscuta glomerata, Choisy.

Arn. & Carol. Dodel-Port ad nat. del.

J. E. Schreiber, Esslingen, Impr.

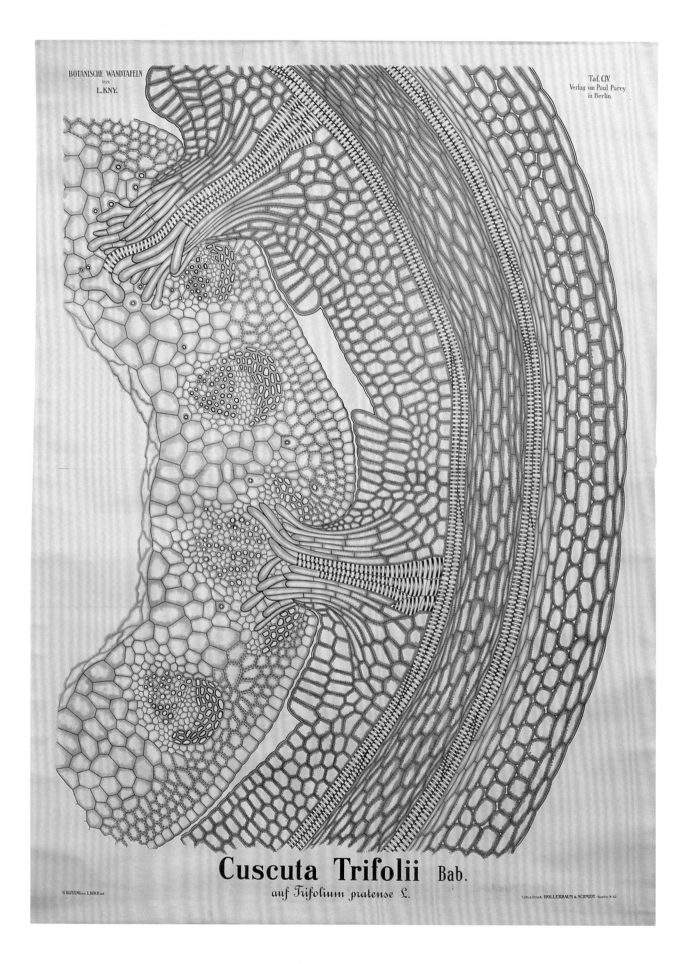

Cuscuta Trifolii Bab.

auf Trifolium pratense L.

起始頁圖、對頁圖與次頁圖：到了 19 世紀，植物學家把「有能力從另一個活植物身上取得養分的植物」，定義為「寄生植物」。然而，經過了數個世紀的觀察，寄生植物取得養分的方法究竟為何，依舊是個謎。一直要到 1800 年代光學顯微鏡問世後，生物學家才有辦法觀察到這個名為「吸器」（haustorium）的機制。這些為適應環境而形成的構造終於得以供人觀察，而決意要了解團集菟絲子的卡洛琳娜與阿諾德・多德爾-波特，也善用了這個機會。他們不但成功觀察到團集菟絲子的構造，也為困惑的植物學家揭開了這種植物的神秘面紗，因而獲得了肯定與讚許。而多虧了其著作《植物掛畫集》的傳播，如今學校教室的牆上也得以展示新的研究成果。

菟絲子既沒有根，也沒有葉綠素（有的話也是非常少量），因此會從其他植物身上尋求養分。團集菟絲子也不例外。多德爾-波特夫婦花了十年研究這種植物的行為構造，然後將他們所描繪的微觀圖製成掛畫。圖中呈現了吸器、菟絲子與宿主莖的細胞結構，放大到清楚易辨的程度。此一橫切面展示出七個吸器；透過這些吸器，團集菟絲子就能穿過宿主的組織並取得養分。吸器是一種構造類似真菌的附屬器，當偵測到具有吸引力的宿主時就會擴張，釋放出能分解細胞壁的酵素，使吸器能在宿主植物內生長，並利用虹吸作用汲取水分、礦物質與碳水化合物。

身兼態度嚴謹的科學家與要求完美的藝術家，卡洛琳娜與阿諾德・多德爾-波特製作的掛畫不僅優美，也很精準與廣泛。在掛畫左側，細線般的團集菟絲子纏繞住它的宿主（圖 1）；下方則是雄花與雌花的剖面圖，以及一顆正在發育的果實。右側是一段放大的莖，以及在藤蔓兩側呈平行排列的花。如繩般的花序當然就是能用來辨別團集菟絲子的特徵了。

在對頁圖中，里歐波德・柯尼更進一步放大了菟絲子與其宿主的畫面。圖中可見百里香菟絲子（舊學名為 *Cuscuta trifolii*，現為 *Cuscuta epithymum*，俗稱「三葉草菟絲子」〔clover dodder〕）環抱住紅花苜蓿（*Trifolium pratense*，俗稱「紅三葉草」〔red clover〕）的莖。而從其高度精細的繪圖中，觀看的人不僅能辨別表皮、木質部與韌皮部、測量細胞壁的寬度，也能觀察到被破壞的細胞膜以及兩個侵入的吸器。

而在次頁中，我們有瓊、科赫與昆特爾所描繪的歐洲菟絲子（*Cuscuta europea*，俗稱「大菟絲子」〔the greater dodder〕）。除了吸器正在穿透宿主植物的微觀圖外，瓊、科赫與昆特爾也退一步提供了菟絲子與宿主的概貌，並刻畫出它逆時針纏繞的線狀莖（另外也附上了一小段工整的莖）以及團繖花序。位於掛畫右手邊的是花的三個視角圖；一個是花的外部，另外兩個則是花的生殖器官。菟絲子屬植物通常是靠昆蟲授粉，每一朵小花可能會產出二到三顆種子。這或許看起來是個小數目，但事實上每一株植物有可能產出數千顆種子。在這幅掛畫的最底下，五顆小小的幼苗從土壤裡慢慢冒了出來。在沒有其他方法能取得養分的情況下，這些幼苗若無法在數天內找到宿主，就會死掉。話雖如此，但這些種子都有堅硬的種皮；在種皮破裂或吸水變軟前，種子都不會發芽——萬一沒有適合的宿主出現，這會是一個很聰明的備案——而且這些種子能在土壤中休眠 20 年以上。

對頁圖：

標　題	百里香菟絲子
作　者	里歐波德・柯尼
語　言	德語
國　家	德國
叢書／單本著作	《植物掛畫》
圖　版	104
出版社	Paul Parey（柏林，德國）
年　份	1874 年

右圖：

標 題	歐洲菟絲子
作 者	亨利希‧瓊、弗里德里希‧昆特爾博士； 插畫家：戈特利布‧馮‧科赫博士
語 言	無
國 家	德國
叢書／ 單本著作	《新式掛畫》
圖 版	31
出版社	Fromann & Morian（達姆施塔特，德國）
年 份	1902-1903 年

Jung, Koch, Quentell'sche Neue Wandtafeln

歐洲菟絲子

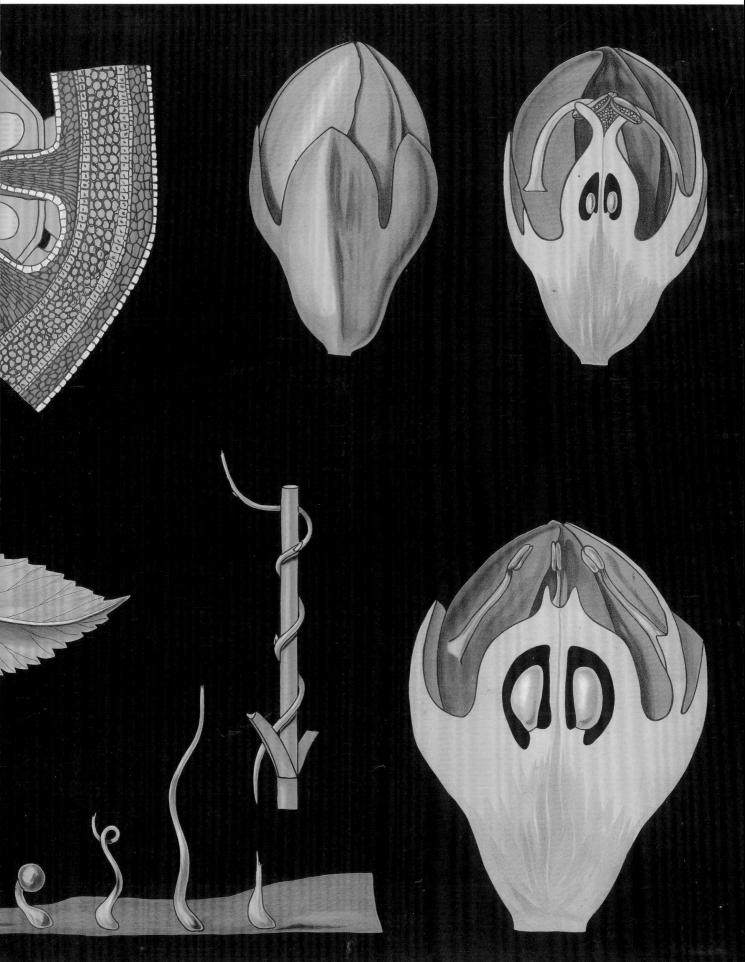

Verlag Frommann & Morian, Darmstadt

右圖與對頁圖：在花園裡，牽牛花（*Ipomoea*）與田旋花（*Convolvulus*）的待遇通常十分不同：前者是受人培育，後者則是遭人咒罵。儘管牽牛花的地位可能勝過肆意蔓生的田旋花，但園藝家通常都具備分辨這兩種植物的能力。不過，區分它們並不容易，只有一些線索能作為參考，其中一個就是葉子：牽牛花的是心形葉，田旋花的是如箭頭般的尖葉。

艾米爾·科爾斯莫的雜草選集內容詳盡，其中包含兩種相似的旋花屬植物。將這兩種植物納入絕對不是為了賣弄學問；科爾斯莫是要利用這兩幅掛畫，突顯出它們的共通特徵與顯著差異。事實上，這兩種植物的圖都分成兩個部分：與其將植物的解剖結構與生命週期，壓縮成一個完整的視覺圖像故事（如同他在整套叢書中要求自己做到的那樣），他選擇分析這兩種植物的常見資訊。

在此頁中，田旋花（*Convolvulus arvensis*）展現出根芽的強大生長能力。而在對開頁中，旋花（舊學名為 *Convolvulus sepium*，現為 *Calystegia sepium*）的掛畫則包含了該屬植物特有的漏斗形花，並以側面圖的方式呈現。科爾斯莫的延長畫布使這兩種植物有足夠的空間紮根、蜿蜒與攀緣——也就是一般旋花類植物會做的事。田旋花在歷史上是一種惡名昭彰的植物，也因此不意外地得到了一長串別名：魔鬼的內臟（devil's guts）、匍匐珍妮（creeping Jenny）、歐洲旋花（European bindweed）、籬笆鐘花（hedge bells）、玉米百合（corn lily）、順風花（withwind）、攀緣鐘花（bellbine）、重疊的愛（laplove）、羊蔓（sheepbine）、玉米蔓（cornbind）、熊蔓（bearbind）、綠藤（green vine）……。數個世紀以來，在將近 50 個國家內，這種原生於歐亞大陸的溫帶植物都不受歡迎。科爾斯莫在掛畫中納入了種子、果實橫切面與成熟植株。更

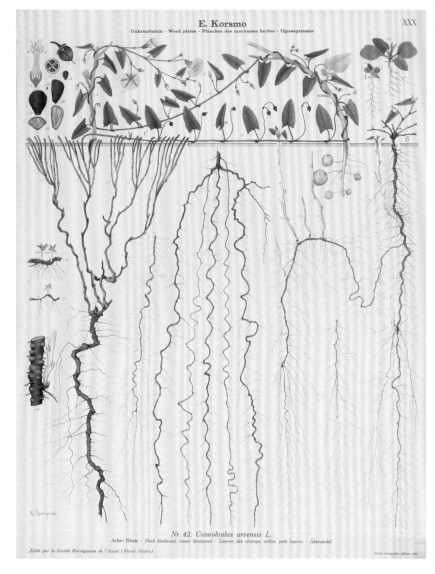

Nr. 42. Convolvulus arvensis L.
Acker-Winde · Field bindweed, lesser bindweed · Liseron des champs, vrillée, petit liseron · Åkervindel
„Edité par la Société Norvégienne de l'Azote" (Norsk Hydro)

重要的是，他也清楚描繪出田旋花的箭形葉（也就是能用來區分田旋花與牽牛花的重要特徵），並且繪製出龐大的多年生根系，分佈之廣甚至有可能穿入土壤達 20 英尺深（六公尺）。這些根會儲存碳水化合物與蛋白質，甚至在植物看似已被摧毀時，還能使新株從根莖與斷根生長出來。

旋花（次頁）外觀與田旋花相似，只不過是後者的放大版。多數構造，包括葉、種子與植株下部，尺寸都較大。然而，根系的擴大程度倒沒有那麼明顯。種子從四室球形蒴果散播（見果實的水平橫切面，位置在掛畫的上方正中央），且能維持生育力長達數十年。

上圖：
標　題	編號 42 田旋花
作　者	艾米爾·科爾斯莫；插畫家：克努特·奎爾普德
語　言	德語、英語、法語、挪威語
國　家	挪威
叢書／單本著作	《雜草圖》
圖　版	30
出版社	Norsk Hydro（奧斯陸，挪威）
年　份	1934 年

對頁圖：
標　題	編號 37 旋花
作　者	艾米爾·科爾斯莫；插畫家：克努特·奎爾普德
語　言	德語、英語、法語、挪威語
國　家	挪威
叢書／單本著作	《雜草圖》
圖　版	25
出版社	Norsk Hydro（奧斯陸，挪威）
年　份	1934 年

Norsk Lithografisk Offcin, Oslo

Nr. 37. Convolvulus sepium L.

Zaun-Winde, Ufer-Winde - Great bindweed, larger bindweed - Liseron des haies, grand liseron - Strandvindel

„Edité par la Société Norvégienne de l'Azote" (Norsk Hydro)

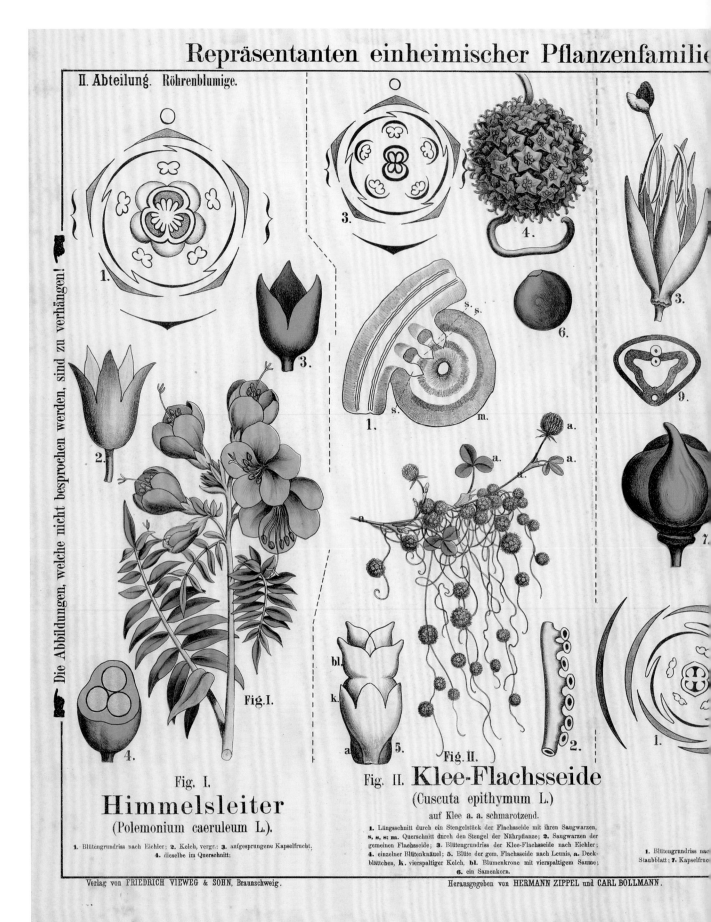

II. Abteilung. Röhrenblumige.

Die Abbildungen, welche nicht besprochen werden, sind zu verhängen!

Fig. I.

Fig. II.

Fig. I.

Himmelsleiter
(Polemonium caeruleum L.).

1. Blütengrundriss nach Eichler; 2. Kelch, vergr.; 3. aufgesprungene Kapselfrucht.
4. dieselbe im Querschnitt;

Fig. II. Klee-Flachsseide
(Cuscuta epithymum L.)
auf Klee a. a. schmarotzend.

1. Längsschnitt durch ein Stengelstück der Flachsseide mit ihren Saugwarzen,
s, s, s: m. Querschnitt durch den Stengel der Nährpflanze; 2. Saugwarzen der
gemeinen Flachsseide; 3. Blütengrundriss der Klee-Flachsseide nach Eichler;
4. einzelner Blütenknäuel; 5. Blüte der gem. Flachsseide nach Leunis, a. Deck-
blättchen, k. vierspaltiger Kelch, bl. Blumenkrone mit vierspaltigem Saume;
6. ein Samenkorn.

1. Blütengrundriss nac
Staubblatt; 7. Kapselfruc

Verlag von FRIEDRICH VIEWEG & SOHN, Braunschweig.   Herausgegeben von HERMANN ZIPPEL und CARL BOLLMANN.

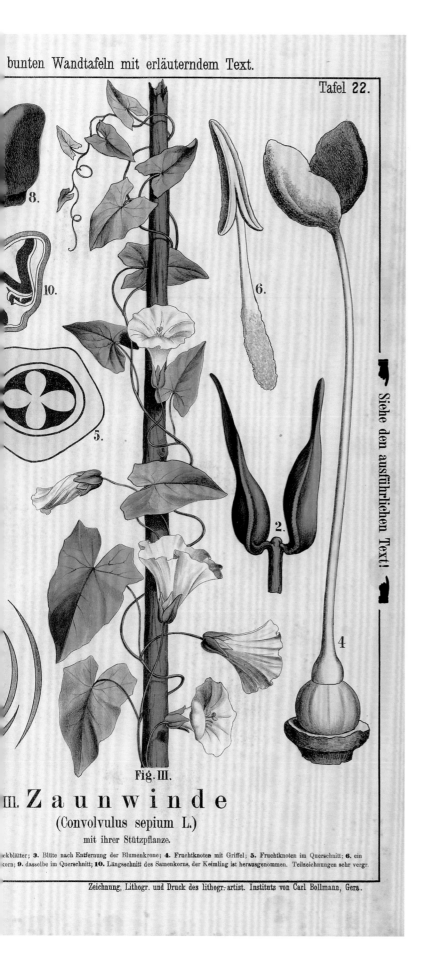

Zeichnung, Lithogr. und Druck des lithogr. artist. Instituts von Carl Bollmann, Gera.

左圖：齊普爾與博爾曼在為其叢書《彩色掛畫中的外來作物》繪製掛畫時，並不總是遵循常見的分類原則。在此，他們納入了兩種旋花科植物，以及一個來自花葱科的圈外分子。這幅掛畫的標題說明了原因：「漏斗形花」（Abteilung: Röhrenblumige）——更精準地說是「總苞」。而花葱的花為總苞所包覆時（圖2），的確是呈漏斗形。花葱的圖還包含花的示意圖（上方）與果實的橫切面（圖4）。

百里香菟絲子（俗稱「三葉草菟絲子」〔clover dodder〕）是一種無根的寄生植物，具有粉紅色小花與總苞。其球形花序垂掛在宿主植物上，就像一串色彩美麗又糾結纏繞的燈飾。百里香菟絲子不只是一種爬藤植物，也能夠透過微小的吸器（圖2）把自己嵌入宿主的維管束系統（圖1），以吸取養分。

齊普爾與博爾曼在描繪旋花時，最有意思的部分就是在掛畫最右邊的花柱（圖4），放大的程度比其他任何部分都還要高。當然，這並不是意外。如同我們在前幾頁所看到的，就形態而言，旋花（以及其他的旋花類植物）能藉由葉子，與較受人尊重的牽牛花屬植物區分開來。而除此之外，花柱也能作為辨別的依據。牽牛花屬植物的花柱小，頂端有一到三枚裂片，而旋花屬植物的花柱則為狹長橢圓形，總是有兩枚裂片。幾乎沒有插畫家會把花柱畫得跟成熟植株一樣高；如果真的這麼做了，背後肯定是有要靠讀者去推斷的好理由。

左圖：

標　題	漏斗形花
作　者	赫曼·齊普爾；插畫家：卡爾·博爾曼
語　言	德語
國　家	德國
叢書／單本著作	《本土植物科屬的代表性成員》
圖　版	第 II 部；22
出版社	Friedrich Vieweg & Sohn（布倫瑞克，德國）
年　份	1879 年

Ausländische Kulturpflanzen in fa…

Verlag von FRIEDRICH VIEWEG & SOHN, Braunschweig.

Wohlfeile Ausgabe.

Herausgegeben von HERMANN ZIPPEL, gezeichnet von CARL BOLLMANN

Batate (Batatas edulis Cho

1) Blüte, vergröfsert.

en Wandtafeln.

Tafel 12.

1

Lith. art. Inst. von C. BOLLMANN, Gera, Reuss J. L.

Wohlfeile Ausgabe.

左圖：這幅掛畫是前頁的補充材料；在此，齊普爾與博爾曼描繪了一種外來作物——番薯（*Ipomoea batatas*）。他們之所以創作《彩色掛畫中的外來作物》，並不是為了要寫出一本異國植物旅遊指南，而是要針對未栽培於德國境內的重要非本土經濟作物，以圖畫的方式講解它們的形態。番薯最初是在至少 5000 年前在中美或南美被馴化，然而當時仍舊找不到進入歐洲的途徑（事實上，現今在歐洲大陸的生產量還是非常少）。

這幅掛畫是他們最淺顯易懂的作品之一。由於番薯幾乎不會藉由種子繁殖，因此齊普爾與博爾曼捨去了生殖構造，選擇讓學生能熟悉數個地面上的線索——紋理明顯的葉與管狀花隨處蔓生，兩者都是旋花科植物的特徵。這些線索掩飾了地底下一串串尾端膨大成塊、富含澱粉且味甜的特化莖。

左圖：

標 題	番薯（*Batatas edulis* Chois）
作 者	赫曼·齊普爾；插畫家：卡爾·博爾曼
語 言	德語
國 家	德國
叢書／ 單本著作	《本土植物科屬的代表性成員》
圖 版	第 II 部；12
出版社	Friedrich Vieweg & Sohn（布倫瑞克，德國）
年 份	1879 年

VIII

葫蘆科（CUCURBITACEAE / GOURD FAMILY）

　　葫蘆科具有 134 屬與 965 種。其成員完全不耐寒，因此只見於熱帶與溫帶氣候區。該科植物屬一年生草本藤本植物，藉由盤繞的捲鬚攀緣生長，因其碩大的果實而經廣泛栽培。西瓜屬、黃瓜屬與南瓜屬為我們帶來了櫛瓜、黃瓜、醃黃瓜、食用葫蘆、甜瓜、南瓜、夏南瓜與西瓜。其他的葫蘆類，例如葫蘆屬植物，自古以來就被當作是園藝植物，並且被製作成容器、器皿與樂器。絲瓜屬當中的絲瓜（*Luffa aegyptiaca*）與稜角絲瓜（*L. acutangula*）果實在清理到只剩木質纖維後，能用來作為天然海綿。

　　特徵：葉通常為掌狀裂葉或複葉；捲鬚與葉柄上的節呈 90 度，有些會特化成針；離生或合生萼片與花瓣五枚；大多數通常具有三枚融合的雄蕊；花為單頂或腋生聚繖花序，通常為白色或黃色，具有深裂的花萼與花冠；莖有時為肉質。果實為肉質多的特化漿果，稱為「瓠果」，有時十分碩大，具有由果托所形成的厚皮；為數眾多的種子通常又大又扁。

對頁圖：

標　題	葫蘆科
作　者	艾伯特・彼得
語　言	德語
國　家	德國
叢書／單本著作	《植物掛畫》
圖　版	1
出版社	Paul Parey（柏林，德國）
年　份	1901 年

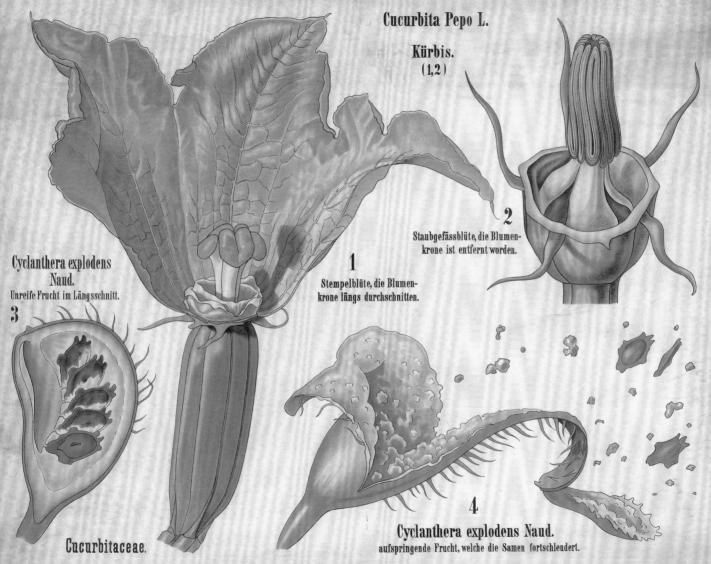

Verlag von Paul Parey, Berlin SW 11, Hedemannstr. 28 u. 29.

Cucurbita Pepo L.

Kürbis.
(1, 2)

2

Staubgefässblüte, die Blumen-
krone ist entfernt worden.

**Cyclanthera explodens
Naud.**
Unreife Frucht im Längsschnitt.

3

1

Stempelblüte, die Blumen-
krone längs durchschnitten.

4

Cyclanthera explodens Naud.
aufspringende Frucht, welche die Samen fortschleudert.

Cucurbitaceae.

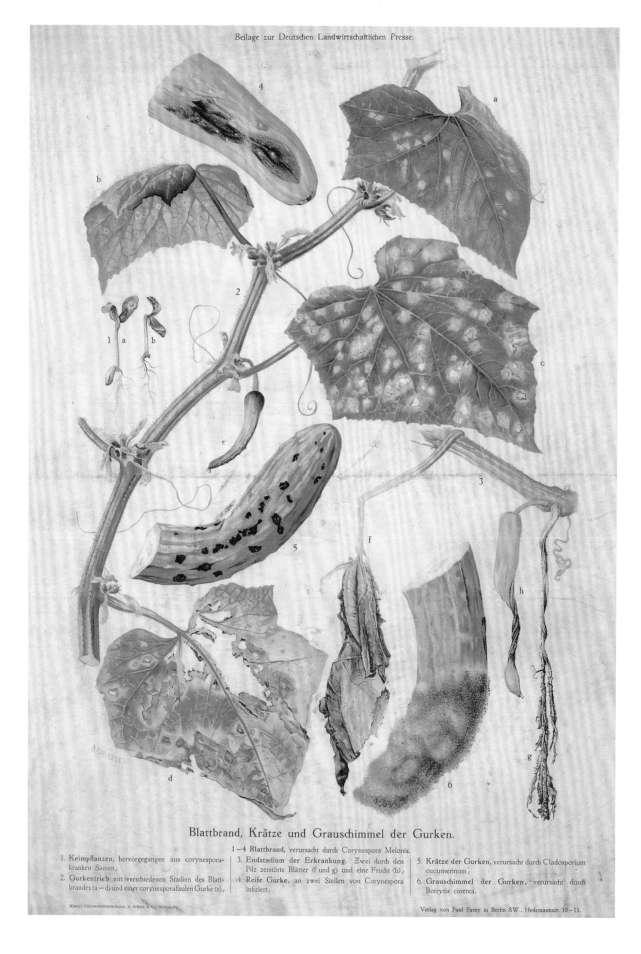

Beilage zur Deutschen Landwirtschaftlichen Presse.

Blattbrand, Krätze und Grauschimmel der Gurken.

1—4 Blattbrand, verursacht durch Corynespora Melonis.

1. Keimpflanzen, hervorgegangen aus corynespora-kranken Samen;

2. Gurkentrieb mit verschiedenen Stadien des Blatt-brandes (a—d) und einer corynesporafaulen Gurke (e);

3. Endstadium der Erkrankung. Zwei durch den Pilz zerstörte Blätter (f und g) und eine Frucht (h);

4. Reife Gurke, an zwei Stellen von Corynespora infiziert;

5. Krätze der Gurken, verursacht durch Cladosporium cucumerinum;

6. Grauschimmel der Gurken, verursacht durch Botrytis cinerea.

Königl. Universitätsdruckerei H. Stürtz A. G., Würzburg. Verlag von Paul Parey in Berlin SW., Hedemannstr. 10—11.

對頁圖：

標　題　黃瓜的葉焦病、黑星病與灰黴病
　　　　（Blattbrand Krätze und Grauschimmel
　　　　der Gurken）
作　者　奧圖‧阿佩爾（Otto Appel）；插畫家：
　　　　奧格斯特‧德瑞塞爾（August Dressel）
語　言　德語
國　家　德國
叢書／　《農作物疾病圖集》（Atlas der
單本著作　Krankheiten der landwirtschaftlichen
　　　　Kulturpflanzen）
圖　版　無
出版社　Paul Parey（柏林，德國）
年　份　1924 年

起始頁圖：與其以某種普遍的雜草、某種具有高經濟價值的作物，或是某種顯著的有毒藤本植物作為葫蘆科的代表，艾伯特‧彼得選擇為我們介紹一個令人驚奇的小角色：爆裂小雀瓜（Cyclanthera explodens），一種生長旺盛、不論成長或傳播種子都同樣充滿活力的爬藤植物。被冠上「爆炸黃瓜」（exploding cucumber）這個貼切稱呼的爆裂小雀瓜原生於地中海地區，會綻放橘黃色的花，接著長出的綠色小型果實已進化成會用發射的方式傳播種子。當種莢（表面長滿皮刺，以偵測是否有覓食者來吃其肥碩可食用的果實與種子）膨脹成兩英寸（五公分）長時，張力會累積，而果實會變得腫大，最後帶著強勁的力道爆炸——一種適應策略，目的是要抗衡「無法移動」的固有困境。

對頁圖：掛畫之美在於它們既合乎科學，也同樣精緻。看到生病的黃瓜在掛畫中所呈現的藝術性等同於蓬勃的水仙（舉例來說）時，或許會令人意外，不過掛畫的用意是教育，不是娛樂。不論是雜草或蘭花、寄生植物或栽培品種，所有的主題都必須以相同程度的技巧來表現。而《農作物疾病圖集》中的一系列圖例完美體現了這樣的原則。德國植物學家與農學家奧圖‧阿佩爾除了專門研究馬鈴薯疾病外，也將知識延伸至其他作物，並在近期創建的德國農林業生物研究所（Biological Reich Institute for Agriculture and Forestry）擔任所長期間，創作了上述的圖集叢書。書中的掛畫出自德國藝術家奧格斯特‧德瑞塞爾之手。與許多掛畫畫家不同的是，德瑞塞爾並非科學家出身，而是一位風景畫家；這點影響了他在構圖與細節上的處理。德瑞塞爾並未以網格設計版面，而是讓黃瓜橫跨圖面向四處延伸，就像一座會動的雕像，吸引著讀者的目光，使其循著曲折的動線，觀察染上不同疾病的果實與葉子。

前頁圖中所繪的褐斑病（Corynespora）是一種侵擾著葫蘆科植物的真菌感染病，其中又以黃瓜與哈密瓜最易受感染。其病徵會表現在莖、根、花與果實上。患病的種子會長出患病的幼苗（圖 1）；而受感染的植物（圖 2）會在莖部斷裂（圖 3），發展出凹陷的壞死病變、乾癟的幼果與枯萎的葉子（圖 3：g、h、i）。圖中的可憐植物也遭遇了不同階段的葉焦病（圖 2：a、b、c）；枝孢菌屬（Cladosporium），一種寄生型真菌，會從果實表面過濾掉養分（圖 5）；以及可怕的灰黴菌，又稱「灰葡萄孢菌」（Botrytis cinerea）（圖 6），一種壞死營養型真菌，會以灰色粉狀物包覆住患病植物的幾乎所有部位使其腐壞，只有根部倖免。

右圖：

標　題	葫蘆科
作　者	V·G·切爾札諾夫斯基
語　言	俄語
國　家	俄羅斯
叢書／ **單本著作**	《53 幅掛畫中的植物系統分類學》
圖　版	36
出版社	Kolos Publishing
年　份	1971 年

右圖：儘管黃瓜的相關書面記錄最早
出現在約 1528 年，但一般認為這種植
物是從 17 世紀中開始遍佈於俄羅斯。
1629 年，英國草本植物學家約翰・帕
金森（John Parkinson）曾描述「許多
國家的人吃黃瓜的方式，就和我們吃
蘋果或梨子一樣」；而在現代的俄羅
斯與日本，黃瓜的吃法與調味方式也
與當時類似。許多世紀以來，鹽漬與
醃泡黃瓜在傳統俄羅斯料理中都是不
可或缺的元素。

從左手邊開始，這幅掛畫展現出黃瓜
藤（*Cucumis sativus*）的不同生長階段
——從掛畫底部初綻的花，一直到頂
端已授粉的花與剛長出的果實。在這
棵完整植株的周圍有單性花——包括
雄性（圖 2、3）與雌性（圖 4、5）
——以及一顆成熟果實（圖 6）與其橫
切面（圖 7）。

接下來是俗稱「英國曼德拉草」（English
mandrake）的白瀉根（*Bryonia alba*），
一種多年生草本藤本植物，原生於中
歐、東歐、伊朗、土耳其與巴爾幹半
島，並逐漸分佈至中亞。令人費解的
是白瀉根竟然被放在可食用且有益健
康的黃瓜與西瓜中間；這種植物不僅
具侵略性，毒性也很強，除了會抑制
其他植物的生長外，也會使不經意摘
下其黑瑪瑙色澤漿果的人中毒。

最後是西瓜（*Citrullus edulis*）。直到今
日，西瓜在俄羅斯仍因其解毒特性而
具有價值；另外就普遍程度來說，當
地的西瓜似乎相當於西方國家的蘋果：
西瓜的俄文 arbuz 正是俄文字母表中第
一個字母的範例。

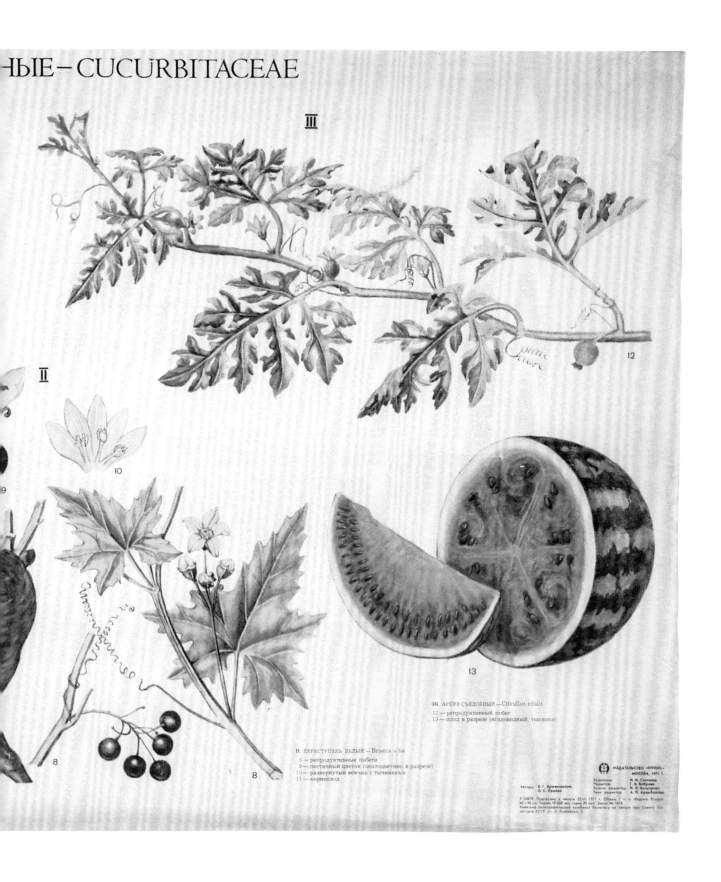

III

II

10

9

8

8

13

12

III. АРБУЗ СЪЕДОБНЫЙ — Citrullus edulis

12 — репродуктивный побег
13 — плод в разрезе (ягодовидный, тыквина)

II. ПЕРЕСТУПЕНЬ БЕЛЫЙ — Bryonia alba

8 — репродуктивные побеги
9 — пестичный цветок (околоцветник в разрезе)
10 — развернутый венчик с тычинками
11 — корнеплод

ИЗДАТЕЛЬСТВО «КОЛОС»
МОСКВА, 1971 г.

Авторы: В. Г. Хржановский,
Л. С. Крышева

Художник   Н. М. Сивченко
Редактор   Г. К. Боброва
Худож. редактор   М. Л. Выхдрик
Техн. редактор   А. П. Арыкбаева

IX

蘇鐵科（CYCADACEAE / CYCAD FAMILY）

　　關於蘇鐵目的分類存在著許多爭論，而直到相當近期，所有現存的蘇鐵類植物都還是被歸類為蘇鐵科。然而近年來，蘇鐵科已演變成單型科（monotypic family）；換句話說，該科只包含一個屬，即涵蓋了 169 種的蘇鐵屬。如今所有其他的蘇鐵類植物已擁有它們自己的科：澤米鐵科。這兩科都屬於裸子植物，並且身處於最古老植物之列；然而，這些源自熱帶與亞熱帶棲地的原生植物如今都瀕臨絕種。值得慶幸的是，它們如棕櫚般的外貌美觀好看，因而在園藝上受到重視。

　　蘇鐵類植物都含有毒素，儘管其種子與有髓的莖都用來製成食物、飼料、酒類與藥物；其中蘇鐵（*Cycas revoluta*，俗稱「國王西米」〔king sago〕）種植於日本的琉球群島，目的是為了取得澱粉。事實上，在蘇鐵類植物原料加工上的疏忽，確實曾導致生病與死亡的案例發生。

　　特徵：蘇鐵屬植物具有筆直的主莖，表面不是平滑，就是覆蓋著芽苞葉（鱗片狀的較小型葉片），莖的頂端則有生長成蓮座狀的渦卷形葉；葉為扁平羽狀，每一片葉子都長在一根葉軸上；葉與芽苞葉都呈螺旋狀排列。雄毬果含有緊密層疊的孢子葉（特化葉），雌毬果則有鬆散、下垂的孢子葉，且葉緣上有多達七對種子；大顆種子可能具有肉質種皮，以幫助漂浮並藉由水力傳播。

對頁圖：

標　題	擬蘇鐵（*Cycadeoidea marshiana*，化石物種）
作　者	J・烏伊克（J. Vuijk）
語　言	德語
國　家	德國
叢書／單本著作	《古植物學》（*Paläobiol der Pflanzen*，原作者為卡爾・麥德福〔Karl Mägdefrau〕），1942 年（再版）
圖　版	43
出版社	Hagemann（杜塞道夫，德國）
年　份	1905 年

GYMN.43

Uit: Nájadinau, Paläobiol. der Pflanzen.
1942, p. 274. fig. 239.

Cycadeoidea marshiana Witt.

起始頁：本內蘇鐵目是一個已經滅絕的目；該目的種子植物旺盛生長於三疊紀至白堊紀期間。化石證據使古植物學家得以藉三角測量，對該目成員的形態產生模糊的概念；然而，連結這些數據點的任務總是由植物畫家一肩扛起。在此，J・烏伊克畫出了一幅絕妙的 *Cycadeoidea marshiana*（一種擬蘇鐵屬植物）外觀圖。這種植物隸屬於本內蘇鐵目，莖上不確定是否真的長滿雛菊（現存的 *C. marshiana* 相關描繪非常少量；其中至少有一幅是複製烏伊克的作品）。或許是認為這種毬果周圍長有羽狀葉的古老植物一株還不夠稀奇，烏伊克在這幅圖中共畫了六株。

右圖：在 19 世紀期間，石炭紀經常被稱為「蕨類植物的時代」（Age of Ferns），原因是一般認為許多蕨類繁茂生長於那段時期。然而，當鳳尾松蕨（舊學名為 *Calymmatotecha heoninghausii*，現為 *Lyginopteris oldhamia*）的後代被發現時，植物學家才意識到他們對化石記錄的解讀有誤。先前被判定為蕨類（藉由孢子繁殖）的滅絕物種，其實是胚珠或種子裸露的種子植物——又稱「種子蕨」或「蘇鐵蕨」。於是新的一組滅絕裸子植物——也就是「種子蕨綱」——就此誕生，不僅開啟了古植物研究的狂熱時期，亦促成了新屬別的大量湧現。

圖中可見鳳尾松蕨（右上）的簡介，包括著生於羽狀葉柄上的胚珠與葉；一部分的小孢子葉，其中如軍服肩飾般的微小穗狀物會製造花粉；胚珠；以及胚珠的橫切面。

髓木目（Medullosales）成員都是已滅絕的種子蕨植物，特徵是具有大型胚珠（直徑為 0.4–4 英寸或 1–10 公分）、複雜的花粉器官，以及蕨葉；而現存與它們關係最近的親戚就是蘇鐵。位於掛畫左手邊的是三種髓木目植物；主圖所刻畫的是髓木（*Medullosa noei*），一棵看起來勇敢無畏的樹，上面有樣子像櫻桃蘿蔔的花粉囊與 6 片蕨葉作為點綴。其他兩種植物為星髓木（*Medullosa stellata*）與索爾姆蘇髓木（*Medullosa solmsu*），都是以莖的橫切面來呈現，其中黑色與平行線相交之陰影分別代表初生木與次生木，維管束則四處散佈。

被子植物有可能是從種子蕨植物的「皺羊齒目」（Lyginopteridales，種子蕨中最早被歸類出來的目）或「開通目」（Caytoniale）演變而來；後者的化石記錄源自三疊紀晚期至白堊紀時期。最初經發掘時，開通目植物被認為有可能是被子植物的祖先，原因是它們具有非凡的生殖構造：會結種子的葉軸上長有捲曲的殼斗，內含數個胚珠。這樣的構造似乎與被子植物用來保護種子的雌蕊類似，直到古植物學家發現他們犯了錯，誤以為殼斗內有花粉管，也對殼斗的肉質特性做出了誤判。或許開通目種子蕨是已授粉的子房成熟後形成的果實（心皮），具有多顆種子。或許真是如此。然而目前尚無定論。

在這幅掛畫的第三個部分中，可以看到已滅絕種子蕨植物開通蕨（*Caytonia nathorstii*）的掌狀複葉化石印痕；緊密排列於葉柄上的捲曲殼斗；放大的殼斗，內含四個淚珠形的胚珠；兩小團花粉；以及葉柄上會製造花粉的小孢子囊。

右圖：

標　題	松柏門（*Pinophyta*）
作　者	V・G・切爾札諾夫斯基
語　言	俄語
國　家	俄羅斯
叢書／ 單本著作	《裸子植物與被子植物的形態學與分類學》（*Morfologia i sistematika nizšich i vysšich sporovych i golosemenych rastenij*）
圖　版	22
出版社	Kolos Publishing
年　份	1979 年

ОТДЕЛ СОСНОВЫЕ-PINOPHYTA

КАЛИММАТОТЕКА — Calymmatotheca hoeninghausii

Микроспорофиллы

Семязачаток
с плюской

Общий вид

Продольный разрез
семязачатка и плюски

Поперечный разрез
ствола M. stellata

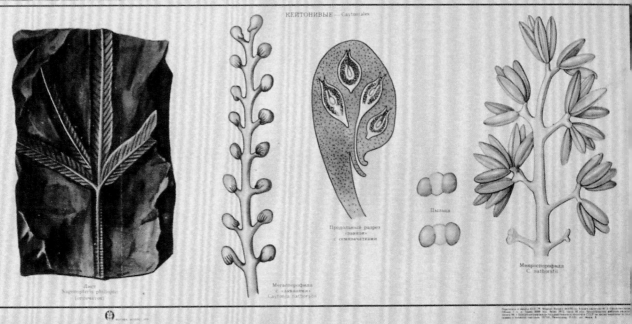

КЕЙТОНИЕВЫЕ — Caytoniales

Лист
Sagenopteris phillipsi
(отпечаток)

Мегаспорофилл
с «завязями»
Caytonia nathorsti

Продольный разрез
«завязи»
с семязачатками

Пыльца

Микроспорофилл
C. nathorsti

對頁圖：齊普爾與博爾曼所描繪的「皇后西米」（queen sago）是印度特有植物，對 19 世紀晚期的德國來說則是明顯的外來種。如同其他的蘇鐵類植物，學名為「拳葉蘇鐵」（*Cycas circinalis*）的皇后西米外形就像一株蕨類長在矮胖的棕櫚莖幹頂端。蘇鐵類屬於雌雄異株；雌株會結種子，雄株會製造花粉錐。這幅掛畫包含一棵雌株（圖1）；一朵年輕的雄花（圖2）；單一雄蕊（圖3）；一群閉合的花粉囊（圖4）；一群開裂的花粉囊（圖5）；一朵雌花（圖6）；一枚含有6個胚珠的心皮（圖7）；一枚含有八顆種子的心皮（圖8）；展露出外圍果肉與木質種子的果實橫切面（圖9）；以及展露出胚乳與幼苗的種子橫切面。皇后西米生長緩慢，種子需要 6 到 18 個月的時間才會發芽。

皇后西米之所以有這樣的俗稱，是因為其富含澱粉的莖髓就叫作「西米」（sago）。圖中的說明文字針對印尼斯蘭島（Seram island）的西米收成，從人類學角度提供了相關記載：成熟的樹木經砍伐後，樹葉遭到移除，樹皮則被割出一道橫向的傷口。露出的莖髓接著以棍棒搗打使其變軟，並且使澱粉從纖維上分離開來，最後略帶紅色的西米被塑形成餅狀。然而也是從那時起，人們變得越來越不敢食用皇后西米；因為這種植物的許多部位（包括莖髓）都有毒，有時即使經過適當的清洗或烹調，毒素仍會殘留。

對頁圖：

標　題	皇后西米（*Eingerollte Farnpalme*）
作　者	赫曼·齊普爾；插畫家：卡爾·博爾曼
語　言	德語
國　家	德國
叢書／單本著作	《彩色掛畫中的外來作物》
圖　版	第 II 部；1
出版社	Friedrich Vieweg & Sohn（布倫瑞克，德國）
年　份	1897 年

Verlag von FRIEDRICH VIEWEG & SOHN, Braunschweig. Nach H. ZIPPEL bearbeitet von O. W. THOMÉ, gezeichnet von CARL BOLLMANN. Lith. art. Inst. von CARL BOLLMANN, Gera, Reuss j. L.

Eingerollte Farnpalme (Cycas circinalis Linné).

1. Weibliche Pflanze; *verkleinert.* — 2. Männliche Blüte in jugendlichem Zustande; *etwas verkleinert.* — 3. Einzelnes Staubblatt; *vergrössert.* — 4. Gruppe geschlossener Pollensäcke; *stark vergrössert.* — 5. Gruppe geöffneter Pollensäcke; *stark vergrössert.* — 6. Weibliche Blüte; *verkleinert.* — 7. Einzelnes Fruchtblatt mit 6 Samenanlagen; *etwas verkleinert.* — 8. Fruchtblatt mit 6 Samen; *etwas vergrössert.* — 9. Same nach Ablösung der vorderen Hälfte der Samenschale; a) äussere, fleischige Schicht; b) innere, harte Schicht; c) die innere, unten stark verdickte, oben dünne Teil der Schicht b; d) der in seinem oberen Teile frei-gelegte Kern; *vergrössert.* — 10 Kern geöffnet; im Innern des Nährgewebes n liegt der Keimling k; *vergrössert.* — Fig. 3, 4, 5, 9, 10 nach Richard, 7 nach Engler-Prantl.

對頁圖：艾伯特・彼得察覺蘇鐵類常見的紅色果實容易令人混淆；為了更輕易辨別植物種類，觀察的人可改從會生成果實的心皮來看。首先是蘇鐵與拳葉蘇鐵。這兩種植物的俗稱分別為國王與皇后西米，而它們在形態上也頗為相似。若要辨識眼前的植物是否為蘇鐵，可觀察它是否有從莖幹長出分枝的傾向，或是觀察果實表面波動起伏的羊毛狀心皮；拳葉蘇鐵的心皮沒那麼大，形狀也較細長。昆士蘭蘇鐵（*Cycas normanbyana*）（圖 3）雖沒有皇室般的俗稱，但擁有羽狀頂冠與軟木樹皮，在西米宮廷裡還是會很受歡迎。於是彼得也把這種較少人知道的蘇鐵植物納入圖中，描繪出它的心皮——除了尺寸較小、邊緣呈鋸齒狀外，表面也比國王與皇后西米的心皮還要平滑。

雙子蘇鐵（*Dioon edule*）又稱「栗子蘇鐵」（chestnut cycad）（圖 4），成熟時雌毬果頂端會長出銀色纖維狀細毛。彼得在此呈現出雙子蘇鐵的果鱗與兩顆果實。看到這裡，任何希臘學者都會了解雙子蘇鐵的學名有何涵義，因為 dioon 一字源自希臘文，意思就是「兩顆蛋」。

最後是墨西哥角果澤米（*Ceratozamia mexicana*），圖中展現了這種植物的雄毬果（圖 6），以及有兩顆果實與兩個角的雌毬果（圖 5）。當墨西哥角果澤米聚集在一起生長時，外觀看起來就像一根又長又多刺的小黃瓜。

對頁圖：

標　題	蘇鐵科
作　者	艾伯特・彼得
語　言	德語
國　家	德國
叢書／單本著作	《植物掛畫》
圖　版	60
出版社	Paul Parey（柏林，德國）
年　份	1901 年

Verlag von Paul Parey in ...str.

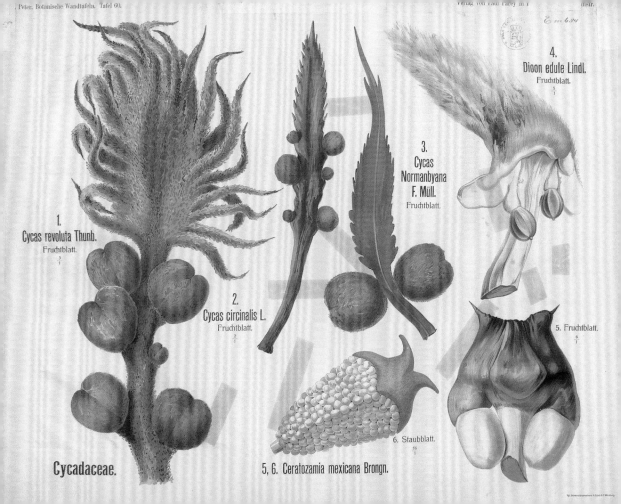

1.
Cycas revoluta Thunb.
Fruchtblatt.
$\frac{3}{1}$

2.
Cycas circinalis L.
Fruchtblatt.
$\frac{2}{1}$

3.
Cycas
Normanbyana
F. Müll.
Fruchtblatt.

4.
Dioon edule Lindl.
Fruchtblatt.
$\frac{5}{1}$

5. Fruchtblatt.
$\frac{6}{1}$

6. Staubblatt.
$\frac{16}{1}$

Cycadaceae.

5, 6. Ceratozamia mexicana Brongn.

茅膏菜科（DROSERACEAE / SUNDEW FAMILY）

茅膏菜科的成員皆為食肉植物，共有 3 屬與 189 種，主要分佈於熱帶與溫帶地區。茅膏菜科與大多數被子植物不同；被子植物會透過根系獲取充足的養分

而茅膏菜科植物因生長於土壤條件差的環境，例如沼澤與苔泥沼，於是發展出捕捉與消化昆蟲及其他小型獵物的機制。貂藻屬（*Aldrovanda*）與捕蠅草屬（*Dionaea*）都是單型屬，其下只包含一個種。囊泡貂藻（*A. vesiculosa*）俗稱「水車藻」（waterwheel plant），身為唯一的水生成員，除了會自由漂浮外，也具有能偵測動作的微小捕蟲器，用來困住獵物，特別是孑孓。最具代表性的捕蠅草（*D. muscipula*）俗稱「維納斯的捕蠅陷阱」（Venus flytrap），是美國東部某個小地區的特有植物。毛氈苔屬（*Drosera*）是食肉植物中最大的一屬，涵蓋 152 種一年生與多年生植物。

特徵：具有兩種明顯不同的捕蟲機制，以及用來吸收養分的酵素。捕蠅草屬與貂藻屬植物有特化葉，會形成能偵測動作的捕蟲器；能在 0.4 秒內對刺激作出反應，並在一秒內完成動作。毛氈苔屬的特徵是基生的蓮座狀特化葉葉叢；獵物會被困在上層特化葉的表面；其上所覆蓋的細毛會分泌黏液，看起來就像露水。果實為蒴果。

對頁圖：

標　題	圓葉毛氈苔（*Drosera rotundifolia/ Rundblättriger Sonnentau*）
作　者	亨利希・瓊、弗里德里希・昆特爾博士；插畫家：戈特利布・馮・科赫博士
語　言	德語
國　家	德國
叢書／單本著作	《新式植物掛畫》
圖　版	36
出版社	Fromann & Morian（達姆施塔特，德國）
年　份	1928 年

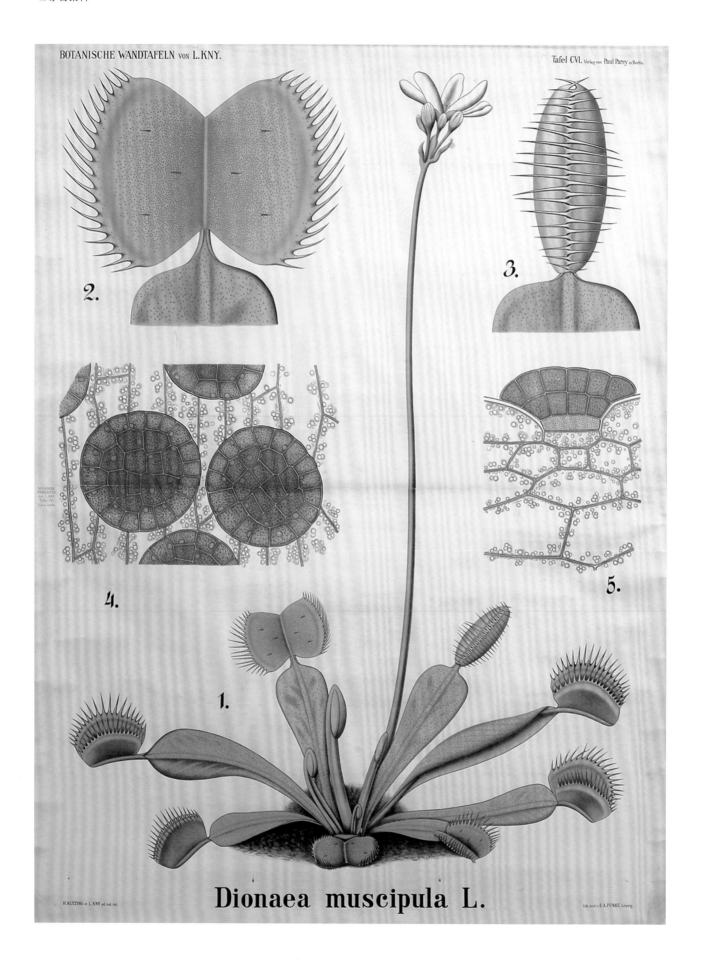

起始頁圖：這幅出自瓊、科赫與昆特爾的掛畫風格異於平常；雖然仍保有代表性的黑色背景，不過描繪的內容較為少見。他們在許多其他的掛畫中都會畫出根系，但這或許是唯一一幅包含地被的作品。圖中的圓葉毛氈苔生長在適合該屬植物的棲地上（泥沼或苔蘚），這點突顯出土壤條件對這種植物的演進影響極大。而如果依原本的風格直接將其置於黑色背景中，這株植物就會變得像某種古怪的外星生物。漂浮在新生觸毛旁的是放大的葉毛、花的橫切面，以及由動作觸發的捕蟲器；短淺的根系支撐著這株奇特的植物。

對頁圖：19 世紀晚期，隨著人類探索新大陸，已知的食肉植物數量急遽上升。令植物學家驚異的是，這些奇特的物種竟然能適應營養不足的環境，且仰賴的行為機制更顛覆了植物的傳統定義。在 1874 年給約瑟夫‧道爾頓‧胡克（J. D. Hooker）的信中，查爾斯‧達爾文寫道：「相較於證明茅膏菜屬有消化行為，我不認為還有其他發現能更令我快樂。」一旦這些植物的特徵都公諸於世後，茅膏菜科也同樣成為了掛畫上常見的主題。或許比起任何其他的科，插畫家以極其迥異的風格呈現茅膏菜類植物，這樣的狀況顯得特別合理，因為他們尚未採用一個共同的形象。

在此，里歐波德‧柯尼所刻畫的捕蠅草特別強調美感勝過精準度。從圖中可看出捕蠅草從地面冒出來（顯示出環境在食肉植物的演進上扮演重要角色），並且具有基生的蓮座狀特化葉叢與一條花柄。雖然沒有獵物，但柯尼描繪出誘捕的各個階段，包括張開等候（圖 2 為放大畫面）與緊緊密合（圖 3）。

對頁圖：

標　題	捕蠅草
作　者	里歐波德‧柯尼
語　言	德語
國　家	德國
叢書／單本著作	《植物掛畫》
圖　版	106
出版社	Paul Parey（柏林，德國）
年　份	1874 年

右圖：艾伯特・彼得與其他插畫家不同的是，他選擇不畫扎根的捕蠅草與圓葉毛氈苔（俗稱為「日露草」〔common sundew〕）。圖中未包含營養不足的土壤，也不見基生蓮座狀葉叢；取而代之的是，彼得轉動了主莖的方向，並且切斷了莖，以捕捉這些植物的動作。在右邊，衝出畫面的是一枚食肉的圓頭形葉片；上面有許多捕食性的葉毛（頂端具有腺體的茸毛），展現出圓葉毛氈苔獨特的捕蟲機制，而新的獵物也因此被牢牢困住。彼得也在左下方角落刻畫出此一捕食動作，從圖中可見捕蠅草才剛困住了到手的獵物。如同他一貫的作法，彼得在每一個小圖的下方都列出了放大倍率。

右圖：

標　題　茅膏菜科
作　者　艾伯特・彼得
語　言　德語
國　家　德國
叢書／　《植物掛畫》
單本著作
圖　版　40
出版社　Paul Parey（柏林，德國）
年　份　1901 年

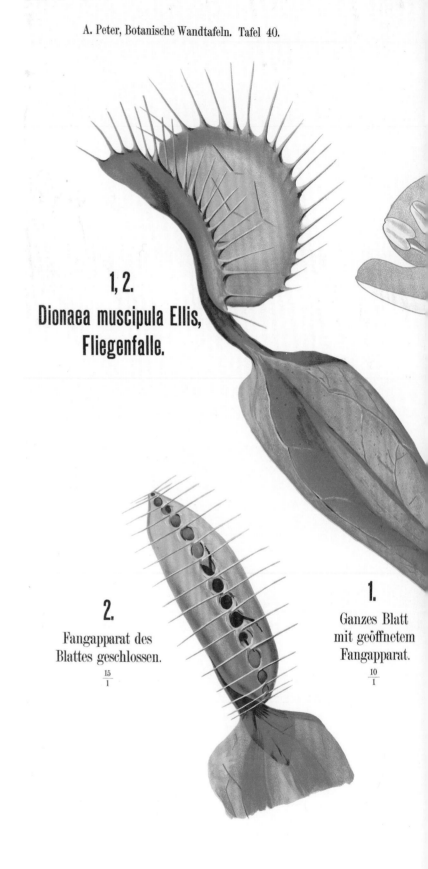

A. Peter, Botanische Wandtafeln. Tafel 40.

1, 2.
Dionaea muscipula Ellis,
Fliegenfalle.

2.
Fangapparat des
Blattes geschlossen.
$\frac{15}{1}$

1.
Ganzes Blatt
mit geöffnetem
Fangapparat.
$\frac{10}{1}$

Droseraceae.

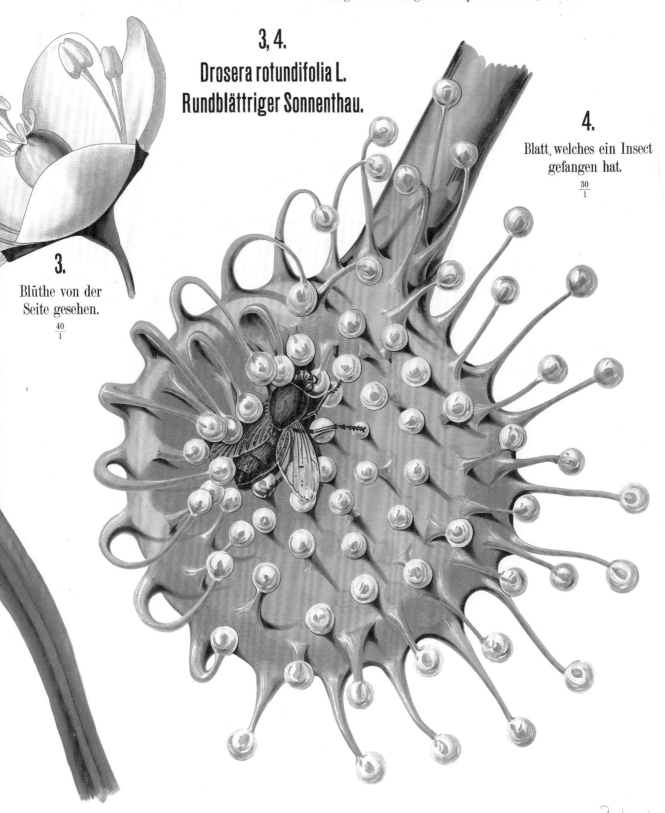

3, 4.

Drosera rotundifolia L.

Rundblättriger Sonnenthau.

4.

Blatt, welches ein Insect
gefangen hat.

$\frac{30}{1}$

3.

Blüthe von der
Seite gesehen.

$\frac{40}{1}$

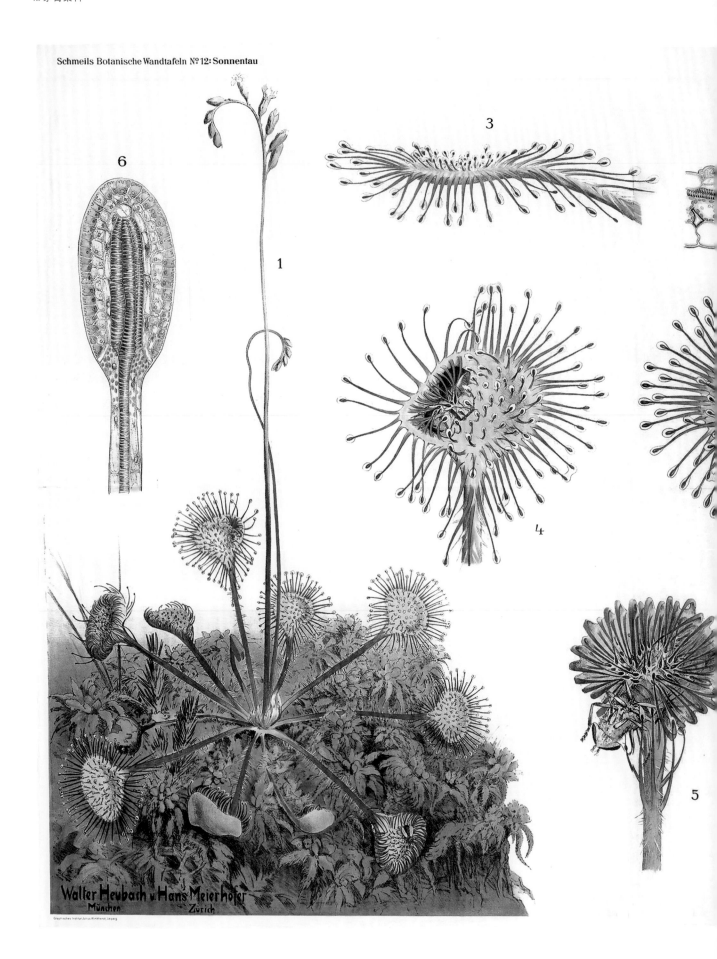

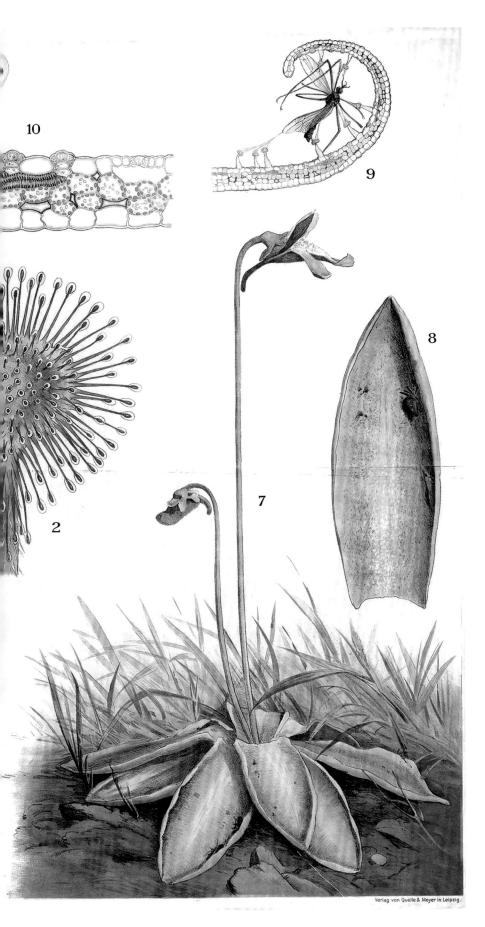

10

9

8

2

7

Verlag von Quelle & Meyer in Leipzig.

左圖：奧圖・施梅爾的表現方式正好與艾伯特・彼得形成對比。施梅爾身兼科學家與插畫家，認為植物與其生態環境密不可分；兩者必須同時存在，才能獲得正確的理解。因此，將處於自然環境中的植物描繪出來，將有助於科學探索與野外鑑定。在此他描繪了一種毛氈苔屬與一種捕蟲菫屬（*Pinguicula*）植物（隸屬於狸藻科〔*Lentibulariaceae*〕），兩者皆處於各自的棲地：苔泥沼的圓葉毛氈苔（圖1），以及酸沼的野捕蟲菫（*Pinguicula vulgaris*，俗稱「奶油草」〔common butterwort〕）（圖7）。環境的淺褐色調與毛氈苔屬植物的紅色纖毛形成了對比。

施梅爾也針對日露草奇妙的捕蟲方法納入了放大圖：圓葉毛氈苔佈滿葉毛的圓頭形葉片在獵食前後（圖2、3、4）、側面圖（上方的圖3），以及分泌黏液的腺體（圖6）。在右邊，他展示了野捕蟲菫的葉片（圖8），其上的腺體會分泌黏液以捕捉昆蟲（圖9、10）。

左圖：

標　題	毛氈苔屬
作　者	奧圖・施梅爾
語　言	德語
國　家	德國
叢書／單本著作	《植物掛畫》
圖　版	12
出版社	Quelle & Meyer（萊比錫〔Leipzig〕，德國）
年　份	1907 年

XI

大戟科（EUPHORBIACEAE / SPURGE FAMILY）

　　大戟科是一個多元的大家族；大多數成員都是一年生至多年生草本植物，不過在這228屬與6547種當中也包含灌木、喬木與藤本植物。它們分佈於全球各地，特別是熱帶地區；有些屬於多肉植物，並且已演變成仙人掌的外觀，閻魔麒麟（*Euphorbia esculenta*）就是其中一例。多肉與非多肉物種都會作為園藝植物來栽種，例如鐵莧菜屬、變葉木屬、巴豆屬、大戟屬、麻瘋樹屬、翡翠塔屬、紅雀珊瑚屬與蓖麻屬。聖誕紅（*Euphorbia pulcherrima*，又稱為「一品紅」〔poinsettia〕或「聖誕花」〔Christmas flower〕）是聖誕季期間大受歡迎的室內植物。

　　有些大戟科植物是重要的商業作物，例如巴西橡膠樹（*Hevea brasiliensis*）是橡膠來源，木薯（*Manihot esculenta*）是樹薯，烏桕（*Sapium sebiferum*）能用於製作蠟燭與肥皂，蓖麻（*Ricinus communis*）能用於生產蓖麻油。大戟科也有不討喜之處——大戟亞科植物的樹液通常有毒，因此早在喬叟（Chauacer）與克麗奧佩脫拉（Cleopatra）的時代，這些植物就已經被當作瀉藥來使用。在今日，有些大戟科植物被歸類為有害雜草，而致命的蓖麻毒素就是由蓖麻萃取而來的。

　　特徵：葉狀枝有時會取代葉；由小花組成的花序通常沒有萼片或花瓣——其中大戟屬植物的花序稱為「大戟花序」（cyathium），外圍以杯狀總苞包覆，看起來就像一朵單生的花；具單一或數枚雄蕊；果實為蒴果。莖可能有刺，通常具有刺鼻的乳白色樹液。種子外部具種臍（表面的疣狀突起物）。

對頁圖：

標　題	緋芭木（*Euphorbia fulgens*）
作　者	J・烏伊克
語　言	德語
國　家	德國
叢書／單本著作	《形態學》（*Morphology*）
圖　版	20
出版社	無
年　份	1905 年

起始頁圖：外表熱情如火的緋苞木（英文名稱 Scarlet Plume），是一種墨西哥原生植物，擁有大戟屬植物的所有優點。它的花小且不具花瓣或萼片，由單一雌蕊加上三根輕盈的花柱所組成，外圍環繞著一圈花柱與苞片。雖然沒有花瓣，但大戟屬植物的顏色非常亮麗，有螢光的黃色與綠色，還有鮮明的朱紅色。J・烏伊克是蘭花培植專家，同時也是阿姆斯特丹植物實驗室（Botanical Laboratory of Amsterdam）的插畫家。在此，他描繪出一根細長的莖，並輕輕畫上番茄色的花，使其以大致平均的間距朝頂端生長（花序的長相令緋苞木與其他大戟屬植物有所區別；大戟屬的花序大多呈團繖狀）。掛畫左下方有一對花藥，位置就在花朵解剖圖與酒杯狀苞片的隔壁。

對頁圖：起疹子、胃痛、失明──要提防大戟屬植物的乳白色樹液。所有的大戟屬植物都會分泌一種乳白色樹液，因曾導致從事園藝的人中毒而聞名。這種樹液的作用是要保護植物不被食草動物吃掉，通常大量攝取會對人體有害。然而，毒性隨植物種類而有所不同，在英勇醫學（heroic medicine）倡行的時代甚至流行施用測量過的劑量。大戟科的英文俗稱 spurge family 即暗示該科植物具有清腸通便的效果（spurge 源自中古法文 *espurgier* 一字，意思是「淨化」）。歐洲柏大戟（*Euphorbia cyparissias*）並不是該科最毒的成員，但這種植物分佈普遍，加上具有獨特的白色分泌物，因而有資格出現在彼得・埃瑟博士的《德國有毒植物》當中。

在埃瑟的掛畫中，他將植物的解剖圖依格網分成左右兩欄，其中包括所有的組成要素與橫切圖；另外他也在中間放了一株完整的植物。這個實用的模板對埃瑟而言是傳播資訊的合理作法，加上以黑色背景襯托效果尤佳。圖中，這種半木質多年生植物展現了為數眾多的線形葉與生長繁茂的花序，並留下線索暗示其根系分佈廣泛（圖1）。在考慮到大戟屬植物令人困惑的形態特徵後，埃瑟記錄下三項基本的重點：第一，那些黃色的「葉片」不是花瓣，而是苞片（圖2）；第二，真正的花非常小，而且聚於杯狀總苞內形成大戟花序（圖4、5），以一朵雌花與外圍的數朵雄花所組成；第三，其花柱與雄蕊（圖4）在具有4個黃色角狀腺體（圖3）的總苞內生長。兩對花藥（圖6）注視著3瓣裂蒴果（圖7、8）與一顆種子（圖9）。

對頁圖：

作　者	彼得・埃瑟博士； 插畫家：卡爾・博爾曼
語　言	德語
國　家	德國
叢書／ 單本著作	《德國有毒植物》
圖　版	11
出版社	Friedrich Vieweg & Sohn（布倫瑞克，德國）
年　份	1910 年

左圖：大戟屬植物或許少了萼片，但卻能展現出豐富的色彩；它們或許與仙人掌毫無關聯，但卻能擁有近似於多肉的形態。最後，它們或許是被子植物，但它們的花結構卻不同於一般。艾伯特·彼得將這三項關於大戟屬植物的事實全都描繪了出來。為了說明其非比尋常的生殖構造，他選擇以沼生大戟（*Euphorbia palustris*）為例（圖1、2）。放大的大戟花序掌控了掛畫的中央舞台，靦腆的雌花靜臥其中，它的雄花夥伴們則圍繞在側。位於右邊的是淡黃色的總苞與一對淡黃綠色的苞片。

而為了突顯它們鮮豔的顏色，彼得挑選的是麒麟花（舊學名為 *Euphorbia splendens*，如今稱為 *E. milii*），位於左上角落對稱且火紅的美麗花序（圖3）。這種植物原生於馬達加斯加，歷史悠久，俗稱（具宗教涵義）為「荊棘冠冕」（crown of thorns）或「基督刺」（Christ plant），指涉某些人相信耶穌基督被釘在十字架上時，頭上戴著麒麟花（歷史證據顯示，此一馬達加斯加原生種可能是在耶穌誕生前傳入中東）。

右圖：

標　題	大戟科
作　者	艾伯特·彼得
語　言	德語
國　家	德國
叢書／單本著作	《植物掛畫》
圖　版	31
出版社	Paul Parey（柏林·德國）
年　份	1901 年

A. Peter, Botanische Wandtafeln. Tafel 31.

3.
Euphorbia splendens Boj.
Leuchtendrothe Wolfsmilch.
Cyathium mit Bracteen.
18/1

4.
Euphorbia meloformis Ait.
Melonen-Wolfsmilch.
2/1

Euphorbiaceae.

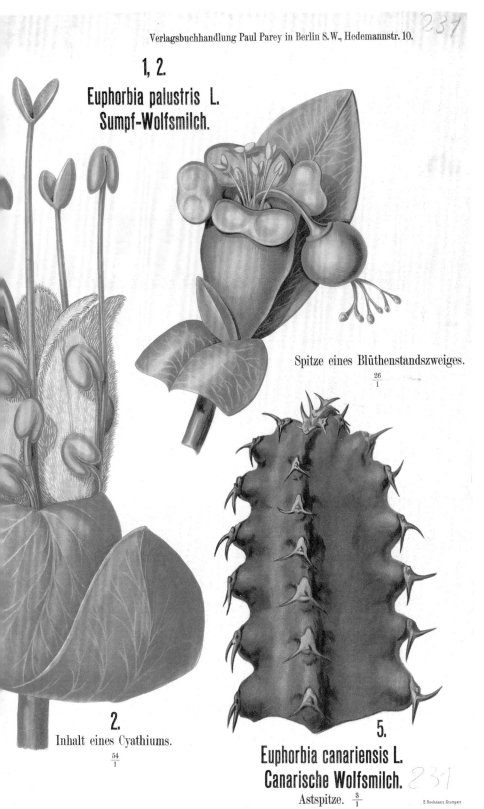

Verlagsbuchhandlung Paul Parey in Berlin S.W., Hedemannstr. 10.

231

1, 2.

Euphorbia palustris L.
Sumpf-Wolfsmilch.

Spitze eines Blüthenstandszweiges.
$\frac{26}{1}$

2.
Inhalt eines Cyathiums.
$\frac{54}{1}$

5.
Euphorbia canariensis L.
Canarische Wolfsmilch.
Astspitze. $\frac{3}{1}$

231

E. Hochdanz. Stuttgart.

接下來的兩種植物則展現了大戟科的多肉傾向。外形腫脹胖圓、頂端長了一簇花的貴青玉（*Euphorbia meloformis*）（圖4）有個貼切的俗稱，叫作「甜瓜大戟」（melon spurge）。此一南非原生種是在1774年時，由蘇格蘭植物學家法蘭西斯·馬森（Francis Masson）引進英格蘭。馬森同時也是英國邱園（Kew garden）的首位植物獵人，當時是由邱園的新園長約瑟夫·班克斯爵士所任命。而貴青玉的第一筆相關記述則是在1789年時，出現在威廉·艾頓（William Aiton）所編寫的《邱園植物錄》（*Hortus Kewensis*）初版中。艾頓是英王喬治三世（George III）的御用園丁，而《邱園植物錄》則是邱園的植物目錄。在那之後，大多數的貴青玉都是在英格蘭栽培而來。而因為《邱園植物錄》的提及，這種植物也開始受到許多知名植物學家的關注。

加那利大戟（*Euphorbia canariensi*）（圖5）是一種具有多肉肢的柱狀植物，高度可達12英尺（3.65公尺）。每一個莖上都有四到五條垂直的鋸齒緣脊狀突起；而每一條起伏的脊上都有成對的小刺。壽命短暫的葉與紅綠色的花都在莖的尾端附近萌芽（但這些特徵並非彼得的優先考量，因此未出現在掛畫中）。

XII

豆科（FABACEAE / BEAN FAMILY）

豆科又稱為 *Leguminosae*，成員多元，是被子植物中極其龐大的一科；過去獨立分開的蘇木科（*Caesalpiniaceae*）、含羞草科（*Mimosaceae*）與蝶形花科（*Papilionaceae*），如今已被納入成為蘇木亞科（*Caesalpinioideae*）、含羞草亞科（*Mimosoidea*）與蝶形花亞科（*Papilionoideae*）[1]。前兩個亞科主要為灌木與喬木，但蝶形花亞科也包含一年生至多年生草本植物，以及一些攀緣植物。豆科共 946 屬與 2 萬 4505 種，廣泛分佈於熱帶與溫帶氣候區。

許多豆科植物具有內含根瘤菌的根瘤，能藉以固定空氣中的氮氣，因而有辦法在貧瘠的土壤中茁壯成長，也能生產出高營養的種子。而正因為這些特性的緣故，豆科對農業與工業極為重要。除了許多種豌豆與豆子是菜農常見的熟面孔外，豆科植物也能提供我們綠肥、藥物、單寧、木材、殺蟲劑、飼料作物與橡膠樹脂。木藍屬植物（*Indigofera*）能生產一種藍色染料，長角豆（*Ceratonia siliqua*）能生產角豆，而光果甘草（*Glycyrrhiza glabra*）能生產甘草。園藝景觀植物則包括相思樹屬、合歡屬、紫荊屬、金雀兒屬、香豌豆屬、毒豆屬，羽扇豆屬、刺槐屬、苦參屬與紫藤屬。

特徵：果實為莢果，內含大顆種子；葉為羽狀或二回羽狀，具托葉，某些有捲鬚；花有萼片與花瓣各五枚。花序：總狀或聚繖狀，由變化無常的兩側對稱花所組成（蘇木亞科）；頭狀，具有許多突出的雄蕊（含羞草亞科）；兩側對稱花，花瓣分化成上方一大枚「旗瓣」（standard）、側邊兩枚「翼瓣」（wings），以及下方兩枚合生的「龍骨瓣」（keel）（蝶形花亞科）。

對頁圖：

標　題	紅花菜豆（*Phaseolus coccineus* L.）
作　者	阿諾德與卡洛琳娜‧多德爾 - 波特
語　言	德語
國　家	德國
叢書／單本著作	《植物的解剖與生理學教育掛畫集》
圖　版	39
出版社	J. F. Schreiber（埃斯林根，德國）
年　份	1878-1893 年

---

[1] 如今豆科底下有六個亞科；含羞草亞科已併入蘇木科。

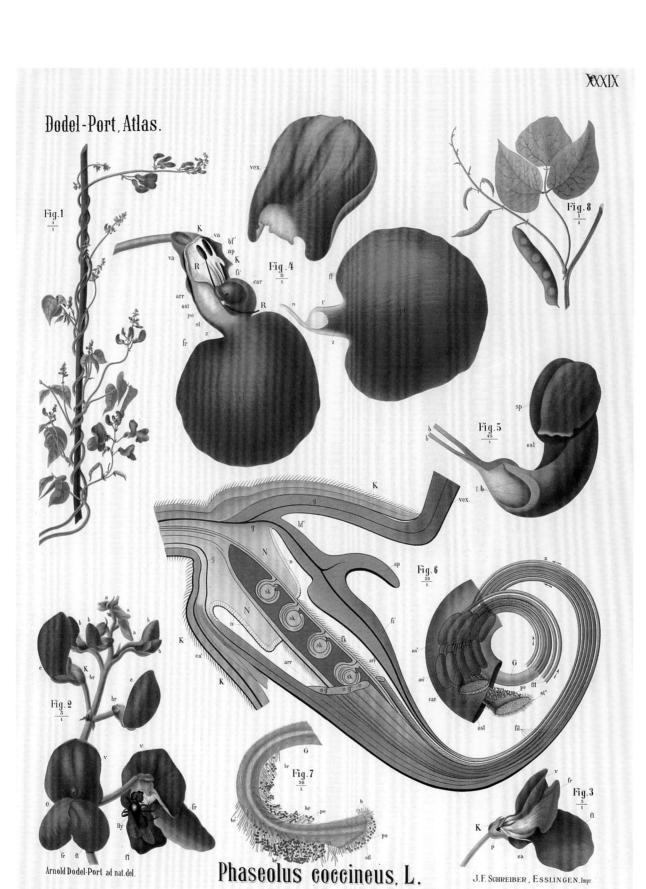

Dodel-Port, Atlas.

Arnold Dodel-Port ad nat. del.

Phaseolus coccineus, L.

J.F. Schreiber, Esslingen, Impr.

Jung-Koch-Quentell

Lehrmittelverlag Hagemann, Düsseldor
© 1951 - Printed in Germany 15

起始頁圖：紅花菜豆（*Phaseolus coccineus*）擁有許多的粉絲。湯瑪斯・傑佛遜（Thomas Jefferson）在 1812 年種植這種爬藤豆科植物時，曾注意到「走在菜園中長長的步道上，沿途棚架上的豆子有白色、深紅色、鮮紅色、紫色……」，為蒙蒂塞洛（Monticello）增添了不少光采。而數世紀以來，從事園藝的人對此一生長旺盛的景觀作物也讚賞不已。然而，對阿諾德與卡洛琳娜・多德爾 - 波特而言，紅花菜豆值得關注之處，在於這種植物對其偏好的授粉者展現出驚人適應力；而在此所指的授粉者就是熊蜂或蜂鳥。只有當重量夠重的授粉者降落在花瓣上時，形態複雜的花（圖 6）才會供應大量花蜜。花柱「向前急衝」，接著花蜜就會出現；不過這一切要等授粉的蜂推擠通過依策略排列的柱頭與花粉後，才會發生。而正因為這種花對授粉者的堅持與挑剔，紅花菜豆才得以結出一定品質與數量的種子；若是換成任何其他的授粉媒介，就不會這麼成功了。

對頁圖：從事園藝的人會從豆子的外形認出豌豆，然而授粉者卻是從花的結構得知。瓊、科赫與昆特爾在他們標準的黑色畫布上，呈現了豌豆（*Pisum sativum*）明亮的白色花朵構造：一道由五片花瓣所組成的小謎題，而這些花瓣各有不同的名稱與功能。在後方的大片牡蠣形花瓣稱為「旗瓣」，是迎接授粉者到來的歡迎旗幟；在旗瓣稍微下方的一對花瓣是「翼瓣」；而在最裡面的則是第二對花瓣所形成的「龍骨瓣」。它們緊靠在一起的排列方式能在不施予大量壓力的狀況下，防止授粉者飛入內部──也就是合生花藥所在之處。在兩片龍骨瓣上方有一個非常小的頂端開口；當龍骨瓣被壓低時，花柱和花藥就會從那裡顯露出來。花粉會剛好在花朵打開前被釋放，這表示花粉很快就填滿小小的花粉囊，並且灑落在花柱上。當授粉者

抵達時，花會接收授粉者帶來的少量花粉，也會釋放出少量花粉給授粉者；儘管如此，但豌豆通常為自花授粉。

對頁圖：

標　題	豌豆（*Pisum sativum*/Erbse）
作　者	亨利希・瓊、弗里德里希・昆特爾博士；插畫家：戈特利布・馮・科赫博士
語　言	無
國　家	德國
叢書／單本著作	《新式掛畫》
圖　版	13
出版社	Fromann & Morian（達姆施塔特，德國）；Hagemann（杜塞道夫，德國）
年　份	1928 年；1951–1963 年

對頁圖：許多插畫家與作者會強調豆
科植物的花朵結構，但尤金・瓦爾明
（Eugen Warming）不同；他的掛畫主
要是由高度放大的種子發芽圖（圖 1、
2、3）與葉子發育圖所構成。只有一
張圖裡面有花（圖 6），但尺寸小到
無法藉此探究其獨特的形態。取而代
之的是，雌蕊與雄蕊被納入了掛畫中
作為參考，但並未附上任何圖像，以
解釋它們與龍骨瓣之間的關係（見前
頁）。儘管瓦爾明捨棄了花的解剖圖，
不過倒是將開裂的豆莢與蔓生的攀緣
捲鬚涵蓋於掛畫中。

對頁圖：

標　題	豆科
作　者	尤金・瓦爾明；插畫家：威翰姆・巴爾斯
	列夫（Vilhelm Balslev）
語　言	丹麥語
國　家	丹麥
叢書／	《植物教育圖鑑》（*Onderwijsplaat*
單本著作	*botanie*）
圖　版	4
出版社	Chr. Cato（哥本哈根，丹麥）
年　份	約 1910 年

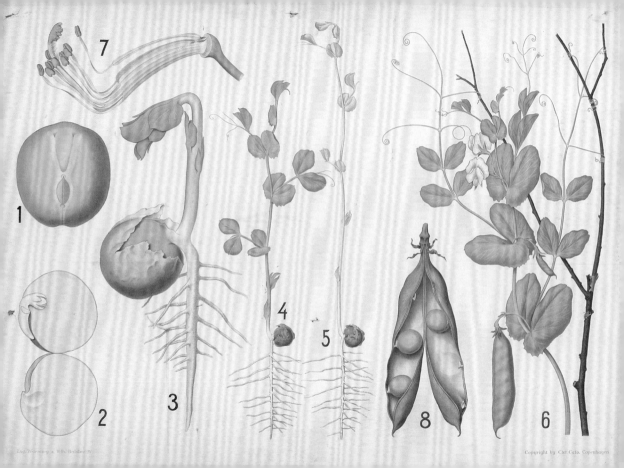

BOTANISCHE WANDTAFELN von L.KNY.

Verlag von Paul Parey in Berlin. Tafel CII.

Mimosa pudica L.

對頁圖：含羞草（*Mimosa pudica*）亦有「敏感的植物」（sensitive plant）之稱，數世紀以來引發了作家、園藝學家與植物學家的好奇。纖細的穗狀葉只要經手指或昆蟲翅膀輕輕掠過，就會閉合在一起。對此科學界深感驚奇，極欲探究此一運動現象的原理。這背後是否有神靈在操控，目的是要與我們溝通？或者這只是植物本身對刺激的自主反應？含羞草在 19 世紀時經常出現在文學寫作中。作家會藉由擬人化的表達手法，賦予其哲學意義；各式各樣的表述形容詞──包括「軟弱的」、「害怕的」、「可恥的」──都將這種植物與「女性」連結在一起。最後，在歷經了數世紀的爭論後，新的研究工具終於使真相水落石出；當談論到含羞草時，人們漸漸不再將它擬人化為花草宮廷中神經兮兮的貴婦，而是著重於研究其機械式的運動過程。羅伯特·虎克（Robert Hooke）是一名英國科學家，在 17 世紀時因其顯微鏡發明而著稱，是率先發現含羞草運動原理的其中一人。他觀察到此一運動是由水在植物內部的移動所導致；當水分從葉細胞的液泡中排出時，就會造成細胞萎縮。在此，里歐波德·柯尼提供了含羞草的複葉生長階段圖（圖1、2），以及從顯微鏡裡看到的細胞運作機制（圖3–8），而後者就是葉子閉合的原因。

對頁圖：

標　題	含羞草
作　者	里歐波德·柯尼
語　言	德語
國　家	德國
叢書／單本著作	《植物掛畫》
圖　版	102
出版社	Paul Parey（柏林，德國）
年　份	1874 年

對頁圖：一株生長旺盛的野豌豆（*Vicia sativa*）將奎林‧哈斯林格的掛畫一分為二：其捲鬚與葉將整幅圖劃分成花、果實、種子及其他與花有關的區塊。如同圖中央被切斷的莖所示，中空的莖蔓有四條邊；將根部納入圖中，教師就能以此做為參考，在課堂中講解野豌豆的固氮能力。其他值得注意的特徵還包括藉噴射力散播種子的裂果；這是許多豆科植物發展而來的常見機制，使它們能遠距離拋擲種子。圖中的植株也包含一朵枯萎的紫花——這是某些植物為適應環境而發展出的奇妙特性，用來標示出已授粉的花。蜂類受粉紅色的花所吸引，也因此花在授粉後會變成藍色，使蜂類將注意力轉移到較年輕的粉紅色花朵上。

對頁圖：

標 題	野豌豆
作 者	奎林‧哈斯林格
語 言	無
國 家	德國
叢書／單本著作	《教材：哈斯林格植物掛畫》
圖 版	不詳
出版社	Dr. te Neues（肯彭，德國）
年 份	1950 年

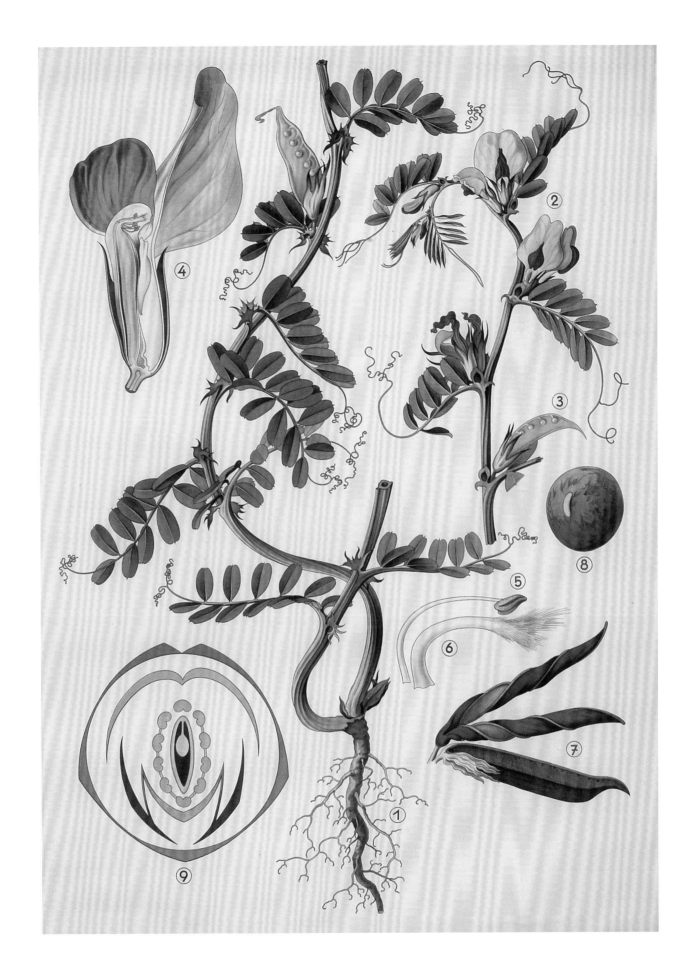

Nach H. ZIPPEL bearbeitet von O. W. THOMÉ, gezeichnet von CARL BOLLMANN.

Verlag von FRIEDR. VIEWEG & SOHN, Braunschweig.

Lith.-art. Inst. von CARL BOLLMANN, Gera, Reuss j. L.

Erdnuss (Arachis hypogaea Linné). Nach der Natur.

A·J·Nystrom & Co·
EDUCATIONAL MAP PUBLISHERS
MAPS — CHARTS — GLOBES
CHICAGO, ILLINOIS

1. Pflanze; *Vergr. 2.* — 2. Oberer Teil der Blüte; *Vergr. 10.* — 3. Saum des Kelches; *Vergr. 12.* — 4. Fahne, 5. Flügel, 6. Kiel der Blumenkrone; *Vergr. 10.* — 7. Oberes Ende der geöffneten Staubblattröhre; *Vergr. 20.* — 8. Blüte im Längsschnitte; *Vergr. 10.* (Nach Taubert in Engler-Prantl.) — 9. Stengelknoten nach Entfernung der Nebenblätter; rechts neben den rinnenförmigen Blattstiele sind drei stielartige verlängerte Blütenachsen, welche an ihrer Spitze eine junge Frucht tragen; an der Frucht rechts ist der Kelch gesprengt, an der Frucht links abgeworfen, *Vergr. etwa 8.* (Nach Bentham.) — 10. Frucht; *Vergr. 10.* — 11. Same; *Vergr. 10.* — 12. Same im Längsschnitte; zahlreiche Blattanlagen sind bereits erkennbar; *Vergr. 10.*

對頁圖：齊普爾與博爾曼未強調花生的果實（通常會同時在地面上與地底下生長）或花（蝶形），而是選擇將重點擺在不怎麼特別的葉子上，令人好奇背後的原因。而他們把花縮小的決定倒是沒那麼奇怪，因為龍骨瓣、旗瓣與翼瓣並非花生（*Arachis hypogaea*）特有的結構（在蝶形花亞科的其他成員身上也看得到），也不是這種植物著稱的部分。不過花生還是令人忍不住想探究更多，特別是因為它在受精後所展現出的奇妙行為：花生的豆莢原本是在地面上形成，然而在受精後花柄會向下彎曲，而正在發育的豆莢也因為子房下的細胞增生，而被擠進地底下（圖1、9）。

對頁圖：

標　題	花生
作　者	赫曼·齊普爾；插畫家：卡爾·博爾曼
語　言	德語
國　家	德國
叢書／單本著作	《彩色掛畫中的外來作物》
圖　版	第 III 部；11
出版社	Friedrich Vieweg & Sohn（布倫瑞克，德國）
年　份	1897 年

XIII

水鱉科與睡蓮科

（HYDROCHARITACEAE / FROGBIT FAMILY & NYMPHAEACEAE / WATERLILY FAMILY）

　　水鱉科與睡蓮科的成員包括一年生或多年生的沉水、漂浮或挺水植物；它們分佈於全球（水鱉科在熱帶地區特別多），且大多生長於淡水棲地，不過也有少數是海生植物。水鱉科底下的 16 屬涵蓋 133 種，睡蓮科底下的 8 屬則包含 70 種。睡蓮科主要種來作為景觀植物，有些是因為花朵豔麗，例如睡蓮屬與萍蓬草屬，有些是因為葉片碩大，例如芡屬與大王蓮屬；其中，藍睡蓮（*Nymphaea caerulea*）經常在古埃及藝術中被刻畫為神聖之花。至於水鱉科，有些成員的種植目的是作為充氧植物，但藉由船散播至他處的「脫逃者」卻演變成入侵雜草，塞滿了水路與水域棲地——這些成員包括水蘊草（*Egeria densa*）、伊樂藻（*Elodea canadensis*）、水王孫（*Hydrilla verticillata*）與捲蜈蚣草（*Lagarosiphon major*）。

　　水鱉科特徵：葉多變化，但具有明顯的葉柄與葉片；萼片與花瓣各三枚，花被通常為兩輪；雄蕊一至多枚；花序通常挺出水面，具有佛焰苞；果實為蒴果，極少數為漿果。

　　睡蓮科特徵：具根莖；葉從卵形、圓形到盾形都有，也有革質葉，葉柄長；漂浮或挺水的單頂花序，通常具萼片四枚，分化不全，且許多都擁有顏色鮮豔的花瓣與數量多的雄蕊；果實為漿果。

對頁圖：

標　題	水鱉科
作　者	艾伯特·彼得
語　言	德語
國　家	德國
叢書／單本著作	《植物掛畫》
圖　版	34
出版社	Paul Parey（柏林，德國）
年　份	1901 年

Verlagsbuchhandlung Paul Parey in Berlin S.W., Hedemannstr. 10.

234

1—5.

Vallisneria spiralis L.

5.

Eine weibliche Blüthe
an der Wasseroberfläche,
daneben eine männliche
schwimmend.

$\frac{100}{1}$

3.

Männliche Blüthe, geöffnet.

$\frac{200}{1}$

2.

Männlicher
Blüthenstand,
ohne Bracteen.

$\frac{40}{1}$

1.

Männliche
Pflanze.

$\frac{8}{1}$

4.

Weibliche Pflanze,
mit Blüthen
und einem Ausläufer.

$\frac{8}{1}$

Hydrocharitaceae.

E.Hochdanz, Stuttgart.

起始頁圖：苦草（*Vallisneria spiralis*）演化出一種奇特的授粉機制，對此達爾文與他的同事曾有過爭論。苦草俗稱「鰻魚草」（eel grass）；這種熱帶與亞熱帶水生植物屬於雌雄異株，雄花與雌花分別在不同的植株上朝向水面生長。雄株與雌株都會形成蓮座狀葉叢，生根於土壤中。艾伯特・彼得描繪了雄花（圖1）與雌花（圖4），使其如鏡像般對應並分據掛畫兩側——如此作法有別於他一貫的不對稱構圖。單生雌花在水中生長，並由細長的花序梗托向水面；當成熟時，雌花會漂浮在水面上。另一方面，雄花則是在水中形成；當成熟時，這些雄花的芽會分離並升至水面，然後三枚萼片會打開露出雄蕊（圖3）。固著於親本植株的雌花靜止不動，雄花則是向外散開，最終聚集在雌花周圍。當四處漂流的雄蕊在耐心等候的柱頭上安頓下來時，授粉作用就此在水面上發生。

右圖：分類學向來是個充滿爭議且令人困惑的棘手學科，即便是對植物學家來說也是一樣，對學生而言更是如此。舉例來說，在此被描繪出的這兩種植物形態相似，卻分別屬於不同科。冠果草（*Hydrocharis morsus-ranae*，俗稱「蛙咬」〔frogbit〕）是一種具有浮葉的小型水生植物，隸屬於水鱉科。青萍（*Lemna minor*，俗稱「鴨草」〔common duckweed〕或「白蘭地酒瓶」〔brandy bottle〕）也是一種具有浮葉的小型水生植物，但隸屬於天南星科（見第24頁）。齊普爾與博爾曼也提醒學生們，除了生態與結構這些表面的相似之處外，這兩種植物幾乎沒有任何共通點；冠果草具有白色小花與腎形葉片，青萍則鮮少開花，並具有寬橢圓形的葉片。不難理解齊普爾與博爾曼為何會將這兩種植物配對；將那些結構與棲地相似的植物放在一起比較，肯定能獲得有用的資訊。

右圖：

標　題	種子植物（蛙咬，檳榔亞綱家族）
作　者	赫曼・齊普爾；插畫家：卡爾・博爾曼
語　言	德語
國　家	德國
叢書／ 單本著作	《本土植物科屬的代表性成員》
圖　版	第 II 部；5
出版社	Friedrich Vieweg & Sohn（布倫瑞克，德國）
年　份	1879–1882 年

7.

a.

6.

2.

10.

Fig 1.

pl

c.

f.

ch.

n.

r.

f. 6.

r.

5.

o.

te

c

pl

r

en.

c

ti.

ch.

4.

3.

Fig IIa.

Fig II.

7.

r.

c

f

f'

c'

m

n.

m'

8.

e

1

1

2.

3.

2.

3

Fig 3.

9.

v. e. c.

Siehe den ausführlichen Text!

charis morsus ranae L.)

vergrössert.

Fig. II. **Gemeine Wasserlinse** (Lemna minor L.)

Nach der Natur

a junge weibliche Blütenanlage. **8.** Querschnitt durch den Fruchtknoten; s be-
die Anheftungspunkte der Samenknospen. **9.** Samenknospe in der Entwickelung;
eres, **i** inneres Integument (Samenschale), **n** Knospenkern, **s** Embryo. Fig. 1
nach Thomé. Fig. 2 und 3 nach Eichler, die übrigen Details nach Rohrbach.

1. Blühender Spross von Lemna Valdiviana. **2.** Blütenapparat von Lemna
minor. **3.** Pistill, Seitenansicht. **4.** Längsschnitt eines reifen Samens (h siehe
Text!) **e** Keimblatt, **pl** Knöspchen, **r** Nebenwurzel desselben, **te** äussere, **ti**
innere Samenhaut, **ch** Chalazza (Keimfleck), **o** Samendeckel, **en** Endosperm.
5. Keimpflanze von oben gesehen, **r** Wurzel, **pl** Knöspchen, **f** Tochterspross, **c**
Cotyledo, **ch** Chalazza (Keimfleck). **6.** Plumula mit Tochterspross (**f**) und
Nebenwurzel (**r**). **n** Grenze der Tasche, aus welcher der Tochterspross entspringt.
* Berichtigung : f bedeutet Knöspchen, **pl** Tochterspross.

7. Tochterspross der Plumula einer Keimpflanze mit 2 jungen Enkelsprossen.
8. Basis eines halbentwickelten 0,58 mm. langen Sprosses. **n** die die beiden
Unterlippen der Taschenmündungen verbindende Querfalte, **ee'** Taschenhöhlen,
mm' Taschenmündungen, **ff'** Tochtersprosse, **r** Wurzel. **9.** Querschnitt einer
Wurzel nahe über der Spitze; **c** Wurzelhaube, **e** Wurzelepidermis; **v** innerste
den axilen Strang umgebende Rindenzellenschicht. Fig. 3—9 nach Hegelmaier.
10. Spross mit Tochterspross und Frucht.

Herausgegeben von HERMANN ZIPPEL und CARL BOLLMANN.   Zeichnung, Lithogr. und Druck des lithogr.-artist. Instituts von Carl Bollmann, Gera.

Dodel-Port, Atlas.

Fig.2

Fig.3

Fig.1

Fig.4

Fig.2

Fig.1

Arnold Dodel-Port ad.nat.del.

Elodea canadensis, Caspary.

J.F.Schreiber, Esslingen.Impr.

對頁圖：伊樂藻（*Elodea canadensis*）是19世紀植物學家經常研究的一種池塘雜草。在卡洛琳娜與阿諾德・多德爾-波特的植物掛畫集中，他們解釋了原因：「……加拿大水生雜草（Canadian waterweed，伊樂藻的俗稱）是活生生的最佳範例，能用來展示循環與旋轉原生質之間的轉換。」──換句話說，也就是輸導作用背後的電漿活動，或是可溶解養分從植物的某一部位到另一部位的移動。與其他植物不同的是，在伊樂藻中，「……整個原生質細胞的內容物──包括葉綠體與細胞核──都會一起執行動作。」

這種多年生水生植物原生於北美，在1800年代中期被引進不列顛群島後，很快就在歐洲各地繁殖。伊樂藻幾乎不會長出可萌發的種子，因此需仰賴無性的營養器官進行繁殖，以致生長出的新個體全是雄性或雌性。多德爾-波特夫婦注意到「雄性伊樂藻從未在歐洲遭人發現，因此〔只能靠我們的〕美國同事去查明伊樂藻的授粉與結果過程。」

多德爾-波特夫婦並沒有花心思在雄性伊樂藻上，而是描繪了完整與部分的雌性伊樂藻（圖1、2），以及伊樂藻的花（圖3）。另外，他們也刻劃出一部分的鋸齒緣葉片，由此能觀察到上述的原生質活動。細胞內的箭頭用於標示出活動的方向。他們提到苦草（見前頁）也具有相似的細胞活動，但認為伊樂藻因普遍存在而更適合用來研究：「……不需要花太多努力與成本，應該就能輕易取得伊樂藻，提供給擁有我們這本掛畫集的所有大學使用。」

對頁圖：

標　題	伊樂藻
作　者	阿諾德與卡洛琳娜・多德爾-波特
語　言	德語
國　家	德國
叢書／ 單本著作	《植物的解剖與生理學教育掛畫集》
圖　版	28
出版社	J. F. Schreiber（埃斯林根，德國）
年　份	1878-1893 年

右圖：艾伯特・彼得的掛畫一如往常地拋出了耐人尋味的問題，而這些問題和他那經常難以捉摸的美學與科學邏輯有關。在此，彼得並未以共同的元素（例如花、葉、果實）來呈現這三種植物，也沒有給它們大小相等的空間，以及可互相比較的尺寸比率，而是選擇以截然不同的方式處理每一種植物，並且未針對個別植株或整個所屬科別提供任何概述。

掛畫中唯一一種完整呈現的植物是蓴菜（舊學名為 *Cabomba pelota*，現為 *Brasenia schreberi*），英文名稱 Water Shield（水盾），很可能是因為它具有羽毛般的沉水葉（圖 4）。藍睡蓮的花被對半切開，露出聚合的修長花藥，尖端為藍紫色——這是能用來辨別這種植物的一大特徵（圖 3）。最後是鮮豔耀眼的歐亞萍蓬草（*Nuphar luteum*，俗稱「黃睡蓮」〔yellow waterlily〕），盛開的花朵大到不像真的，在掛畫深處散發著光芒。下方則是放大倍率相同（75 倍）的歐亞萍蓬草果實，碩大醒目且內含許多種子。

蓴菜後來被移到了同名的蓴菜科（*Cabombaceae*）底下，不過其他兩種植物仍隸屬於睡蓮科。

右圖：

標　題	睡蓮科
作　者	艾伯特・彼得
語　言	德語
國　家	德國
叢書／單本著作	《植物掛畫》
圖　版	39
出版社	Paul Parey（柏林，德國）
年　份	1901 年

A. Peter, Botanische Wandtafeln. Tafel 39.

1.
Blüthe.
$\frac{7,5}{1}$

1,2.
Nuphar luteum Sm.
Mummel.

2.
Ueberreife Frucht.
$\frac{7,5}{1}$

Nymphaeaceae.

Verlagsbuchhandlung Paul Parey in Berlin S.W., Hedemannstr. 10.

239

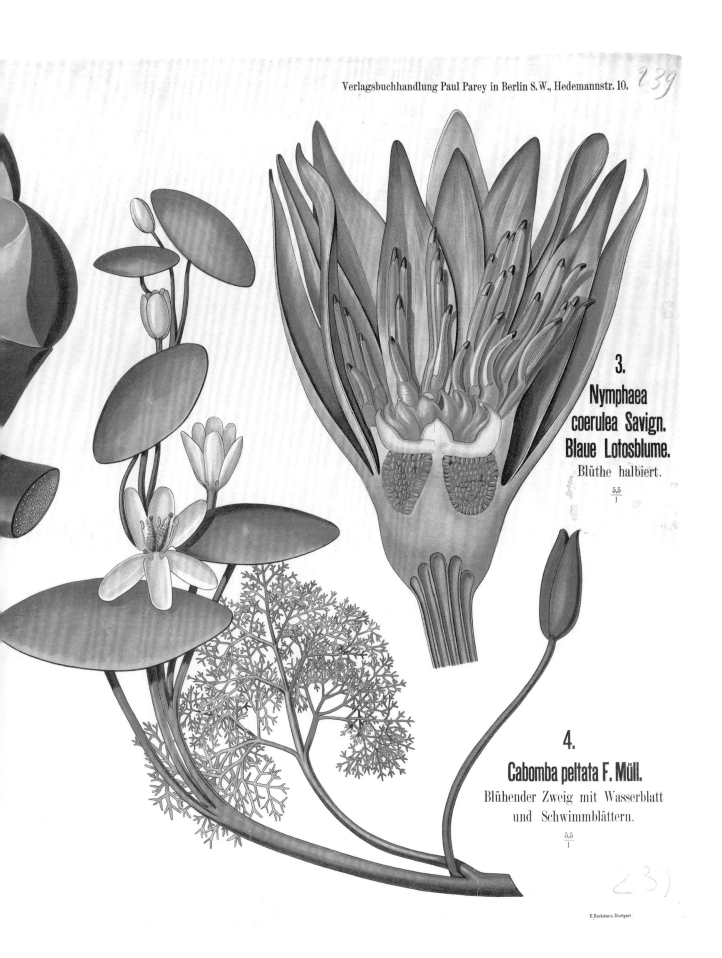

3.
Nymphaea
coerulea Savign.
Blaue Lotosblume.
Blüthe halbiert.

$\frac{5,5}{1}$

4.
Cabomba peltata F. Müll.
Blühender Zweig mit Wasserblatt
und Schwimmblättern.

$\frac{5,5}{1}$

E. Hochdanz. Stuttgart.

對頁圖：只要是瓊、科赫與昆特爾所出的概括性掛畫專書，裡面基本上都會是黑色背景搭配各種花藥圖與橫切面。然而，此處的這幅掛畫卻是他們少數跳脫色彩框架的作品之一，而結果也令人驚豔。白睡蓮（*Nymphaea alba*）與歐亞萍蓬草漂浮在亞麻色池塘裡，水面則是淡藍色（運用另一種顏色突顯出景觀的立體，如此作法同樣也不符合瓊、科赫與昆特爾一貫的風格）。

左側的白睡蓮從粗大的根莖中長出莖來，它的根莖因具有醫療功效而著稱。數百年來，為了治療各種疾病，白睡蓮的根經碾碎、熬煮、萃取、分析並開立成藥方（修道士與修女甚至將其作為催慾劑注射）。沉入水中的葉子呈明顯的箭形；大圓蓮葉與白花則漂浮在水面上。果實（位於左邊，其水平與垂直橫切面則位於右邊）為碩大的蒴果，在水中成熟後破裂，釋放出的種子靠著被侷限在假種皮內的氣泡浮起。數天後，假種皮分離，空氣也被排放出來，於是種子（位於右邊，附有橫切面）便沉了下去。

較小型的歐亞萍蓬草在白睡蓮後方搖曳，上面長有兩朵花與一顆正在發育的果實；在其下方是一株嬌小的幼苗。

在掛畫最底部我們見證到的是植物學的奧妙：某些植物有能力改變它們的器官。在此，我們看到白睡蓮的花瓣逐漸變形為雄蕊；當萼片頂端出現黃色色素時，就表示轉變已經開始。

對頁圖：

標　題	白睡蓮／歐亞萍蓬草
作　者	亨利希・瓊、弗里德里希・昆特爾博士；插畫家：戈特利布・馮・科赫博士
語　言	無
國　家	德國
叢書／單本著作	《新式植物掛畫》
圖　版	7
出版社	Fromann & Morian（達姆施塔特，德國）；Hagemann（杜塞道夫，德國）
年　份	1928 年；1951–1963 年

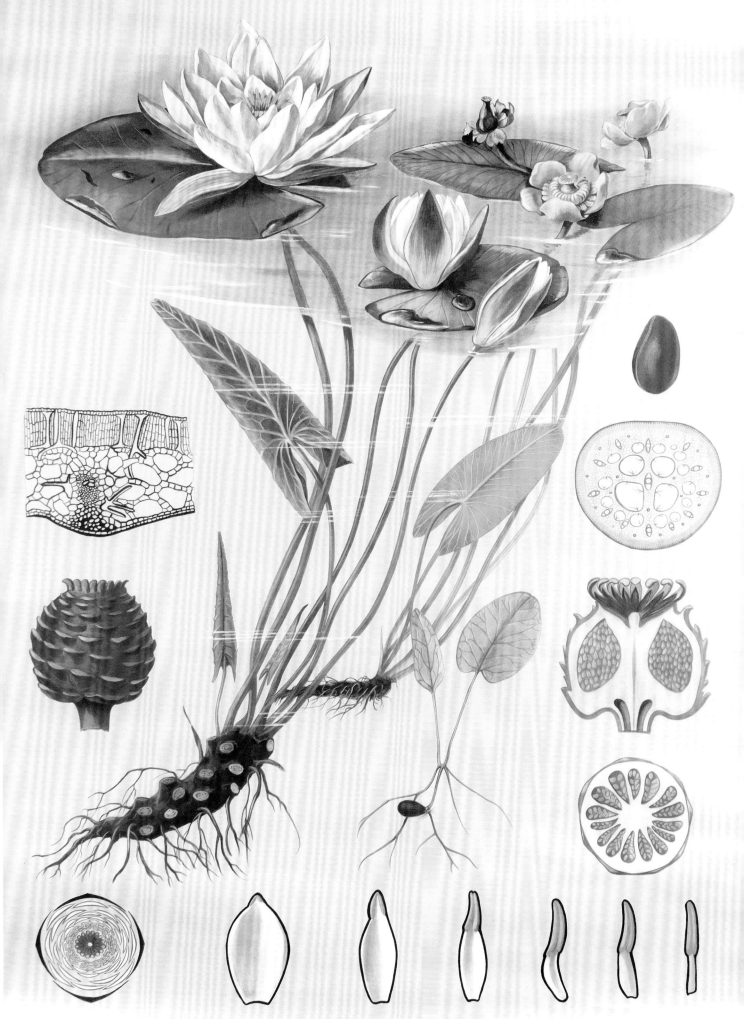

Jung-Koch-Quentell

Lehrmittelverlag Hagemann, Düsseldorf

右圖：位於左側的是朝向水面扶搖直上的白睡蓮，外形幾乎與前一幅掛畫中瓊、科赫與昆特爾所描繪的植株一模一樣——我們可以看到三種生長階段的花、截短的根莖、角度明顯的較低葉片，以及驚人的大圓蓮葉。而在圖 2 中，這位插畫家同樣也納入了萼片轉變為雄蕊的過程。這或許是巧合，又或許是插畫家參考他人作品的實例（可想而知，大多數掛畫都不是直接取材於大自然，而是尋求前人的畫作以供參考）。白睡蓮的幼嫩果實有完整圖與橫切面，兩者皆為了方便觀察而調整角度（圖 3、4）。

19 世紀初的植物考察記錄中盡是針對某種花以詩歌寫成的描述，內容圍繞著花的龐大尺寸、醉人香氣與神秘美感。植物獵人亦寫下他們在蠻荒的亞馬遜河流域尋找某種睡蓮時遭遇的悲慘經歷。這種花就是亞馬遜王蓮（舊學名為 *Victoria regia*，現為 *V. amazonica*）——世界上最大的睡蓮。自 1801 年遭人發現後，亞馬遜王蓮便成為維多利亞時期園藝學家的最愛。如同某位園藝師所寫：「即便稱這種植物美麗絕倫也不為過；它代表了夢寐以求的一切。」也難怪全世界都為之驚豔：亞馬遜王蓮的花在傍晚開始開花，第一晚是白色，到了第二晚則變成粉紅色，散發的甜甜香氣瀰漫著整個夜晚；葉子直徑達九英尺（三公尺），具有交叉的葉脈以及有稜紋的下表面，是「大自然的工程傑作」，也是建築師約瑟夫・帕克斯頓爵士（Sir Joseph Paxton）建造水晶宮（Crystal Palace）的靈感來源——那是他為 1851 年的萬國工業博覽會（Great Exhibition）所設計的展示館。不令人意外的是，這位建築師曾為了測試他的設計藍圖，而將女兒放在亞馬遜王蓮的葉子上漂浮。此處的這幅掛畫未附上比例尺或參考資料以表示葉子的大小，插畫家大概是認為三片葉子就能傳達出它們未必確實的周長吧。漂浮在朦朧的藍色水面上，這三片蓮葉為花朵提供了震撼力十足的背景，驚人程度不亞於前面的主角（儘管沒那麼巨大）。

右圖：

標　題	睡蓮科
作　者	V・G・切爾札諾夫斯基
語　言	俄語
國　家	俄羅斯
叢書／單本著作	《53 幅掛畫中的植物系統分類學》
圖　版	4
出版社	Kolos Publishing
年　份	1971 年

ЕЙНЫЕ—NYMPHAEACEAE

СЕМЕЙСТВО НИМФЕЙНЫЕ

I. КУВШИНКА БЕЛАЯ — Nymphaea alba

1 — общий вид
2 — лепестки и тычинки
3 — плод
4 — плод в поперечном разрезе
5 — диаграмма цветка

II. ВИКТОРИЯ РЕГИЯ — Victoria regia

6 — листья
7 — бутон
8 — цветок

III. ЛОТОС ОРЕХОНОСНЫЙ — Nelumbo nucifera

9 — репродуктивные побеги
10 — цветоложе в продольном разрезе с погруженными пестиками и часть андроцея

百合科（LILIACEAE / LILY FAMILY）

　　百合科目前只有 18 屬與 746 種，儘管在過去曾經多上許多。其成員大多為多年生但形態多變的草本植物，具有根莖、鱗莖、球莖或塊莖；某些有鬚根，其他則有木質莖或攀緣習性。它們分佈廣泛，但在北半球的溫帶地區特別常見。

　　百合科不僅是極受歡迎的園藝景觀植物，也是花卉產業的支柱，包括蝴蝶百合屬、豬牙花屬、貝母屬、百合屬、油點草屬與鬱金香屬。多個世紀以來，百合與鬱金香在文學、藝術與神聖的經文中尤其受到尊崇；百合通常是具有影響力的宗教象徵，而鬱金香在 17 世紀人氣達巔峰之際，單顆鱗莖的價值甚至等同於一棟房屋。

　　特徵：葉線形，單葉，有時基生或輪生於莖上，具平行脈；花被片六枚，離生或合生，排成兩輪花被；雄蕊六枚；合生花柱，含有柱頭三枚；具單頂、繖形、團繖、總狀或圓錐花序；果實通常為三室蒴果或漿果。

對頁圖：

標　題	鬱金香（*Tulipa gesneriana*）
作　者	亨利希・瓊、弗里德里希・昆特爾博士；插畫家：戈特利布・馮・科赫博士
語　言	無
國　家	德國
叢書／單本著作	《新式植物掛畫》
圖　版	34
出版社	Fromann & Morian（達姆施塔特，德國）；Hagemann（杜塞道夫，德國）
年　份	1928 年；1951–1963 年

Koch-Quentell

Tulpe / Tulipa gesneriana

Lehrmittelverlag Hagemann, Düsseldorf

起始頁圖：至少從第 10 世紀起，鬱金香就已在波斯被當作景觀植物來種植，但它們的傳奇卻是在土耳其的鄂圖曼帝國統治下，才真正揭開序幕。鬱金香在 17 世紀中期被引進西歐，因花瓣上稀奇且多變的條紋而十分搶手。然而這種條紋花瓣其實是由一種病毒所引起，會使整株植物衰弱，進而造成供應量下降。這些情況帶來的綜合效應就是「鬱金香狂熱」（tulip mania），在 1634 年到 1637 年間席捲荷蘭。瘋狂的投機性買賣導致鬱金香變得極其昂貴，人們甚至得用土地與畢生積蓄才能換得一顆鱗莖。

瓊、科赫與昆特爾讓我們得以一窺鬱金香靦腆展露出的花瓣內部，並藉以說明鬱金香的繁殖循環。如同所有具鱗莖的植物一般，鬱金香也有兩種繁殖形式：藉由鱗莖行無性繁殖，以及藉由授粉結果行有性繁殖。在此，作者將這兩種形式都描繪了出來：在地底下，鱗莖與小鱗莖即將裂開長出新的植株；而在掛畫中央，可以看到種子俐落地從凋零的蒴果中脫逃出來。

對頁圖：奧圖・施梅爾選擇以芬芳的準噶爾鬱金香（舊學名為 *Tulipa suaveolens*，現為 *Tulipa schrenkii*）代表百合科；大多數的當代變種都是從這種鬱金香栽培而來。自鬱金香狂熱起已過了兩個多世紀，由此可知準噶爾鬱金香被收錄在掛畫中，並非因為它是財富的象徵，而是基於完全相反的原因。到了 19 世紀，鬱金香在歐洲的花園中已處處可見，既容易取得也受人喜愛；如同施梅爾在附加說明中所述：「即使是對植物無感的人，看到了也會心情愉悅。」

施梅爾與瓊、科赫及昆特爾的掛畫主題一致，但處理的手法大不相同。瓊、科赫與昆特爾傾向於描繪抽象概念，施梅爾則提供了鬱金香繁殖的完整時間軸。

在掛畫底部，可以看到一顆在土壤中生根的新生鱗莖（圖 1）向未來邁進：特化葉（或稱鱗片）圍繞著一圈鬚根與組織，即將形成的葉柄與花則從該處被推擠出去（圖 2-4）。開花後，花序頂部會形成果實（圖 4），鱗莖則會長出新的鱗芽（圖 5）。在地面上，圖 6 到 10 提供了鬱金香有性繁殖的詳盡細節：從幼嫩的緊閉花苞（圖 8）、正在工作的授粉昆蟲（圖 6），到最後開裂蒴果又將種子撒回土壤（圖 10）；在其下方的是鱗莖，為了長出子鱗莖而從葉片中汲取養分。

對頁圖：

標　題	鬱金香
作　者	奧圖・施梅爾
語　言	德語
國　家	德國
叢書／單本著作	《植物掛畫》
圖　版	1
出版社	Quelle & Meyer（萊比錫，德國）
年　份	1907 年

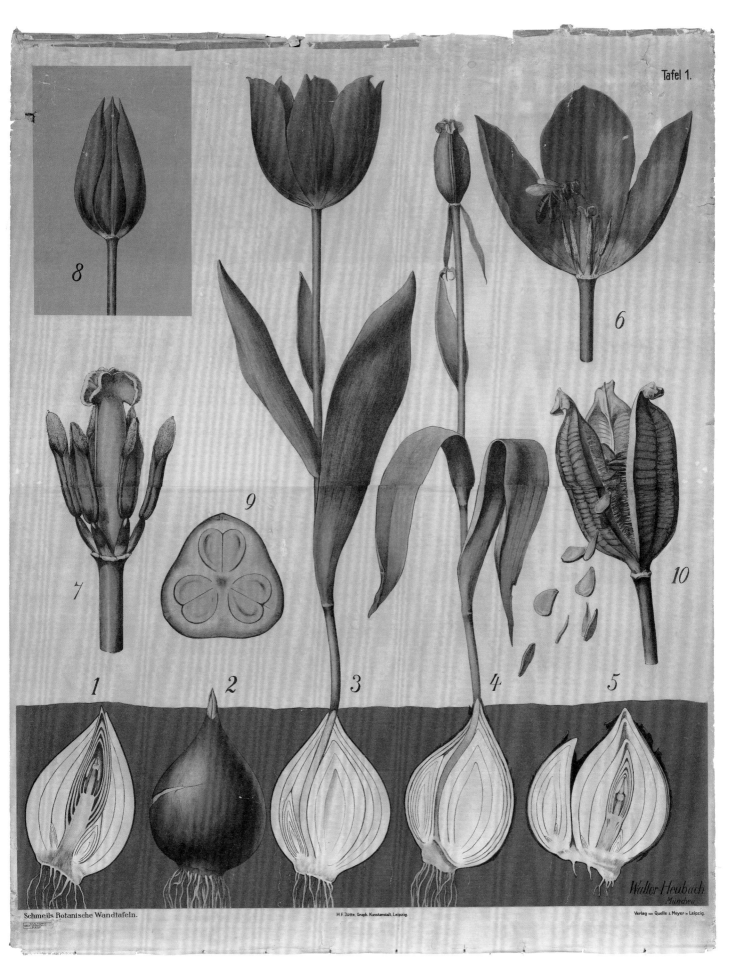

Schmeils Botanische Wandtafeln.

H. F. Jütte. Graph. Kunstanstalt. Leipzig.

Verlag von Quelle & Meyer in Leipzig.

Walter Heubach
München

對頁圖：多德爾 - 波特夫婦對歐洲百合（*Lilium martagon*）讚譽有加，就像他們對掛畫中的其他植物一樣；而他們這麼做一向有其明確意圖：「歐洲百合完美示範了何謂擅長繁殖的被子植物。它不僅為尋找花蜜的昆蟲帶來便利，失敗時也能改為自花授粉，成效驚人。」歐洲百合也是最早栽種於英國花園中的一種百合：園藝師約翰 · 傑勒德（John Gerard）於 1596 年時將其列入他的《植物目錄》（*Catalogue of Plants*）中。歐洲百合的俗稱源自 martagon，一種土耳其統治者戴的頭巾款式；這種頭巾與它有著相似的垂墜外形。也因為如此，它還多了另一個別名，叫作「土耳其帽百合」（Turk's cap lily）。

如同大多數的被子植物，歐洲百合的花是為了達成繁殖任務而具有如此結構：它必須吸引授粉者，將其引導至生殖器官，並提供璀璨誘人的獎勵，以回報對方從容的停留。歐洲百合經高度演化後，能透過其外形、顏色、香氣、觸感與內部所蘊藏的黃金珍寶，引誘特定的授粉者前來。以花瓣為例：當花藥熟時，花瓣的頸部會向後彎曲，露出集中在底部的深紫色漸層斑點，藉以將授粉者的注意力導向淺綠色隧道上，並提供對方花蜜。如同其他將儲蜜處藏起來的植物，歐洲百合的儲蜜槽位置也很隱密，以致授粉者必須要盤旋在雄蕊處，以喙（proboscis）吸取花蜜。後黃長喙天蛾（*Macroglossum stellatarum*，俗稱「蜂鳥鷹蛾」〔hummingbird hawk-moth〕）是最合適的授粉者；如圖所示，它一邊從儲蜜槽吸取花蜜，一邊震動著花藥，將花粉沾到腳上。花藥室裡面佈滿了油類物質，導致花粉粒黏合成一團，也因此當花藥受到推擠時，就會送出大量花粉。

對頁圖：

標　題	歐洲百合
作　者	阿諾德與卡洛琳娜 · 多德爾 - 波特
語　言	德語
國　家	瑞士
叢書／單本著作	《植物的解剖與生理學教育掛畫集》
圖　版	33
出版社	J. F. Schreiber（埃斯林根，德國）
年　份	1878–1893 年

Dodel-Port. Atlas.

Fig. 1.
$\frac{1}{1}$

Fig. 2.
$\frac{10}{1}$

Fig. 3.
$\frac{6,5}{1}$

Fig. 5.
$\frac{1000}{1}$

Fig. 4.
$\frac{60}{1}$

Lilium Martagon. L. fol:A.

Arnold Dodel-Port ad nat. del. (Juli-August 1878)

J. F. Schreiber. Esslingen. Impr.

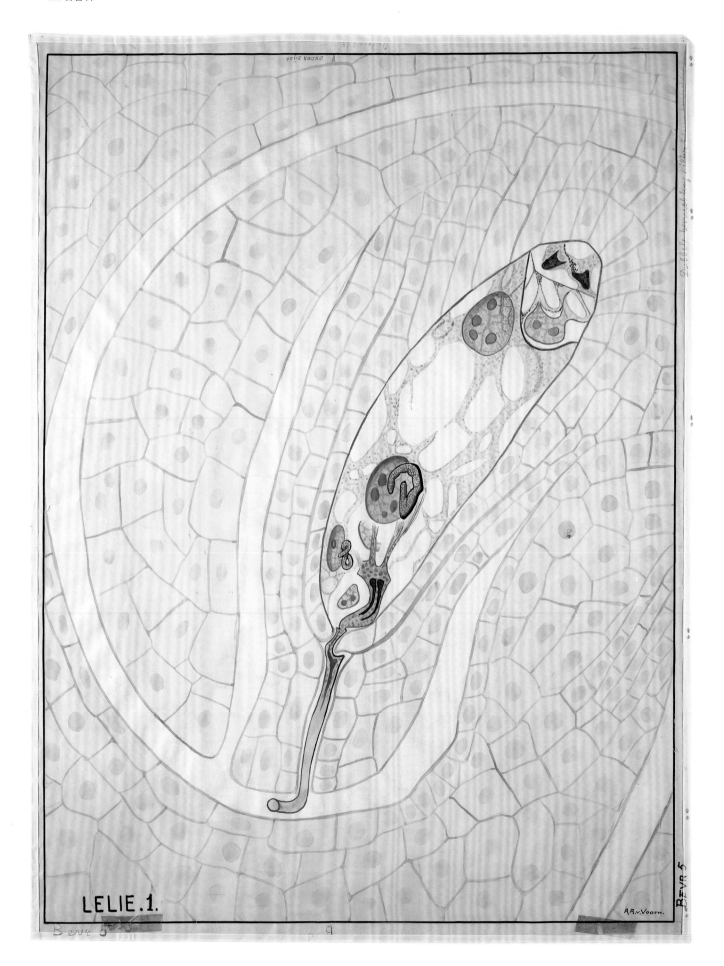

對頁圖：1898 年，俄羅斯生物學家謝爾蓋・納瓦申（Sergei Navashin）發現了一個有關於被子植物繁殖的奇妙特徵：雙重受精（double fertilization）；在此一繁殖過程中，必須要有兩個精細胞抵達子房。這段旅程是從濕黏的柱頭開始：附著於其上的花粉粒（一種具保護作用的結構，內含精細胞）萌發出花粉管，並且向子房延伸，而子房內有一個胚珠。A・A・范・沃恩（A. A. van Voorn）以歐洲百合為例，描繪了接下來的受精階段。歐洲百合與東方貝母（Fritillaria orientalis，也是百合科成員）是最早以傳統光學顯微鏡觀察雙重受精現象的兩種植物。在沃恩的掛畫中，我們可以看到透過花粉管進入子房的兩個精細胞；其中一個與卵結合成受精卵，另一個則與兩個極核融合形成胚乳，而胚乳最終會包覆住正在發育的受精卵。成熟種子的組成包括會形成幼苗的胚芽、具保護作用的種皮，以及滋養幼苗的胚乳——穀類作物（能用來作為食物與飼料）的營養來源也是胚乳。

對頁圖：

標　題	歐洲百合的雙重受精現象
作　者	A・A・范・沃恩
語　言	荷蘭語
國　家	荷蘭
叢書／ 單本著作	無
圖　版	無
出版社	無
年　份	19xx 年

右圖：哈薩克的鬱金香產量豐富；當地約有 34 種野生鬱金香，很可能是鬱金香的發源地。在栽培品種的發展上，有三種哈薩克鬱金香扮演著特別重要的角色，其中一種是格里鬱金香（*Tulipa greigii*），可見於掛畫左側。這種鬱金香是以山謬爾·格里克（Samual Greig）的名字命名而來；格雷克在 1764 年參戰對抗土耳其人與瑞典人後，被譽為「俄羅斯海軍之父」（The Father of Russian Navy）。圖中，這株脆弱的植物展現出成熟的花（圖 1）、一部分莖與鱗莖（圖 2）、圍成一圈的雄蕊與一根雌蕊（圖 3）、子房橫切面（圖 4）以及花式圖（圖 5）。

位於掛畫中央的是鈴蘭（*Convallaria majalis*，俗稱「山谷中的百合」〔lily of the valley〕），最初被認定為百合科成員，如今則被歸類為天門冬科（*Asparagaceae*）。儘管毒性強，但這種具有香甜氣味的植物不僅常用於五月的花季慶典中，也是一種順勢療法的藥材——在俄羅斯用於治療癲癇。一本在 1884 年出版的順勢療法期刊描述了如何準備與使用這種藥劑：「在一夸脫的瓶子內裝滿鈴蘭，以酒精浸泡，然後在陽光下浸漬一週。將瓶子再次裝滿鈴蘭與酒精後，使兩種酊劑混和在一起。使用的滴數與病人的歲數相同；早上、下午和晚上各與一匙餐酒一同服用。」

最後是卷丹（*Lilium lancifolium*），另一種原生於俄羅斯的植物。與其他真正的百合相似的是，卷丹也生長在筆直的莖上。而與其他百合不同的是，它會在沿著莖的葉腋中長出氣生小鱗莖，又稱為「珠芽」（bulbil）。卷丹自 1804 年起栽培於歐洲，而在中國東北部、日本與韓國，也有野生的卷丹生長於草地、岩坡與河谷。卷丹的高度可達六英尺（1.8 公尺），長有低垂的花朵與彎曲的花梗。這種植物不僅深受蝴蝶與蜜蜂喜愛，（不幸的是）也深受鹿與齧齒類動物青睞。

右圖：

標　題	百合科
作　者	V·G·切爾札諾夫斯基
語　言	俄語
國　家	俄羅斯
叢書／單本著作	《53 幅掛畫中的植物系統分類學》
圖　版	39
出版社	Kolos Publishing
年　份	1971 年

ЛИЛЕЙНЫЕ LILIACEAE

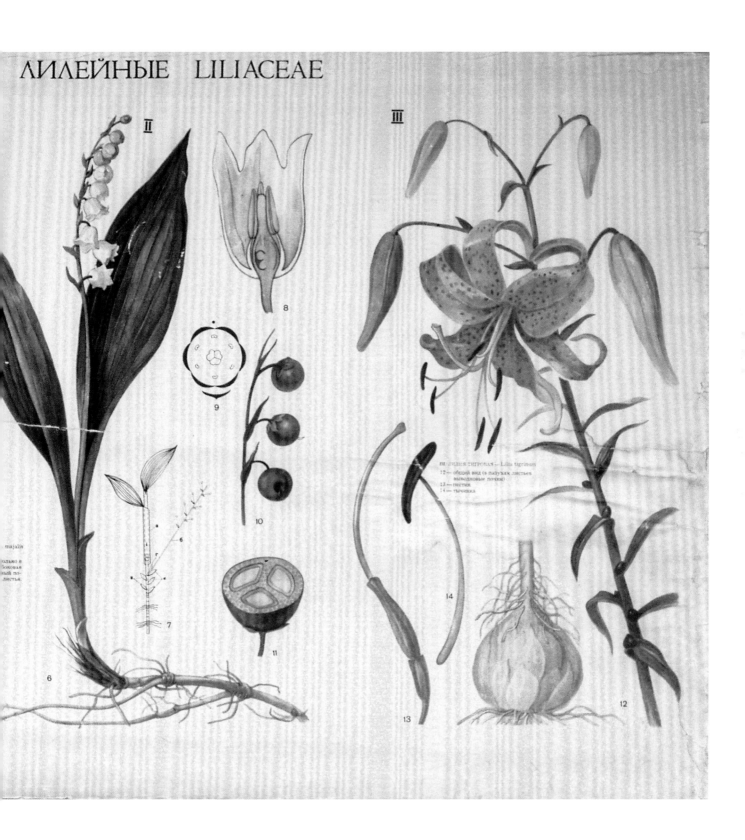

II

III

8

9

10

6

7

11

majalis

III лилия тигровая — Lilia tigrinum
12 — общий вид (в пазухах листьев
выводковые почки)
13 — листик
14 — тычинка

14

13

12

6

芭蕉科與鳳梨科（MUSACEAE / BANANA FAMILY & BROMELIACEAE / PINEAPPLE FAMILY）

芭蕉科底下只有 2 屬，包含了來自熱帶非洲與亞洲的 78 種。象腿蕉屬的栽種目的是作為觀賞用，而芭蕉屬則是重要的商業作物；一般認為大多數的現代品種皆起源自野生尖蕉（*Musa acuminata*）。香蕉並不是樹，而是一次結實的多年生常綠草本植物。

鳳梨科的成員數量較多，也較多元，其下共有 52 屬與 3320 種，包括鳳梨。它們皆生長於美洲，只有一種例外，那就是存在於西非的皮氏鳳梨（*Pitcairnia feliciana*）。鳳梨科同樣也是多年生草本植物，為因應嚴峻的環境而展現出不同的適應能力，成員大多為附生植物（例如空氣鳳梨），有些則是陸生植物。經常引人注目的外形與顏色使它們具備了景觀植物的價值，尤其在溫帶氣候區是很受歡迎的室內盆栽。不幸的是，它們的人氣造成許多成員逐漸瀕臨絕種，萬氏普亞鳳梨（*Puya raimondii*）就是其中一例。這種來自安地斯山脈的植物會長出壯觀的花穗，高度可達 40 英尺（12 公尺），被認定為最古老的植物之一。

芭蕉科特徵：葉鞘層層重疊而形成假莖；葉碩大，具有修長的葉柄與全緣，葉脈明顯；巨大且下垂的花穗由苞腋內輪狀排列的花所組成，其中雌花位於基部，雄花則位於頂端。果實為肉多的圓柱形漿果；有時為蒴果。

鳳梨科特徵：葉通常為蓮座狀葉叢，時常會形成水與養分的儲藏庫，又稱為「葉杯」（tank），但形態多變——尖刺狀或鋸齒狀，附有盾形鱗片或呈革質；通常具有明顯且色彩豐富的花苞片；萼片三枚，花瓣三枚，雄蕊六枚；花序多變，可能是單生花，也可能是總狀、穗狀、圓錐或頭狀（密集的頂部）花序；果實為漿果或蒴果；通常具有特化的附生根。

對頁圖：

標　題	鳳梨屬（鳳梨〔*Ananas sativus* Schult.〕）
作　者	赫曼・齊普爾；插畫家：卡爾・博爾曼
語　言	德語
國　家	德國
叢書／單本著作	《彩色掛畫中的外來作物》
圖　版	第 II 部；7
出版社	Friedrich Vieweg & Sohn（布倫瑞克，德國）
年　份	1897 年

Verlag von FRIEDR. VIEWEG & SOHN, Braunschweig.   Nach H. ZIPPEL bearbeitet von O. W. THOMÉ, gezeichnet von CARL BOLLMANN.   Lith.-art. Inst. von CARL BOLLMANN, Gera, Reuss j. L.

Ananas (Ananas sativus Schult.).

1. Blütenstand; *etwas vergr.* — 2. Blüte; *Vergr. 5.* — 3. Blüte im Längsschnitte; *Vergr. 6.* — 4. Blumenkronblatt mit den beiden Schüppchen und dem an seinem Grunde angewachsenen Staubblatte; *Vergr. 8.* — 5. Kelch und Stempel; *Vergr. 8.* — 6. Querschnitt durch den Fruchtknoten; *vergr.* — 7. Samenanlage; *vergr.* — 8. Fruchtstand; *natürl. Größe.* — Figur 1 nach K. Koch in Engler-Prantl, 2 bis 7 nach Le Maout und Decaisne.

起始頁圖：數個世紀以來，鳳梨（鳳梨屬）在歐洲一向被看作是異國產的奇特植物，同時也是財富與皇室的象徵（路易十五將鳳梨種在凡爾賽宮），然而到了 19 世紀，在款待客人的食物中出現切片的糖漬鳳梨，已經不是件稀奇的事了。一如往常，齊普爾與博爾曼在掛畫中納入了幾段文字，用來描述這種植物的社會史：「近年來，鳳梨在歐洲的消費量大幅增加，這都要感謝快速的汽船接駁。」他們的圖以即將膨脹形成果實的花序（圖 1）作為開端，接著是花（圖 2）、花綻放時縱向的各部位（圖 3）、雄蕊（圖 4）、花柱與花萼（圖 5）、子房橫切面（圖 6）、胚珠（圖 7），以及成熟的鳳梨果實（圖 8）。這種果實是由花堆疊而成，稱為「聚花果」。

右圖：艾伯特・彼得用四種植物來介紹鳳梨科。位於右下方（圖 1）的是鶯歌鳳梨（*Vriesea carinata*），俗稱「龍蝦螯」（lobster claw），原生於巴西，紅黃漸層的花序向外炸開，朝掛畫四處伸展雄蕊與花柱。

松蘿鳳梨（*Tillandsia usneoides*）俗稱「西班牙苔蘚」（Spanish moss）（圖 2），但它既不是來自西班牙，也不是苔蘚。西班牙苔蘚是衍生自法國探險家所取的名稱；由於這種植物令他們聯想到西班牙征服者的長鬍鬚，因此他們稱之為 Barbe Espagnol，意思是「西班牙鬍鬚」。這種附生的被子植物很擅長為樹木垂掛上銀灰色的毯子。它的花並不顯眼，因此彼得為學生們提供了雄蕊、柱頭與胚珠的放大圖。松蘿鳳梨能行有性繁殖，但它更常利用零碎的部分進行繁殖。這些從植物身上斷裂的部分稱為「花彩」（festoons），

被風吹走或被鳥叼走（作為築巢的材料）後，若是降落在可接受的環境——最好是熱帶沼澤地的健康樹木上——就會開始長成一株完整的植物。

水塔花鳳梨（舊學名為 *Billbergia bakeri*，現為 *Billbergia distachya*）原生於墨西哥，是一種豔麗醒目的鳳梨科植物，會噴發出成穗的淡黃綠色與粉紅色漸層管狀苞片。彼得並未描繪它的主要特色，而是選擇以子房的剖面圖展現出內部的十個胚珠；子房之後會形成多種子的果實。

最後，彼得描繪了甘甜多汁的鳳梨（*Ananas sativus*）（圖 4）。他對鳳梨的表面形貌與內部同等重視，也因此透過他的圖能仔細觀察外部的各個小果實。鳳梨的內部是由多個小果實聚合而成的聚合果，果肉多纖維，中間夾雜了幾顆種子。

右圖：

標　題	鳳梨科
作　者	艾伯特・彼得
語　言	德語
國　家	德國
叢書／單本著作	《植物掛畫》
圖　版	17
出版社	Paul Parey（柏林，德國）
年　份	1901 年

A. Peter, Botanische Wandtafeln. Taf. 17.

4

Ananas sativus
Lindl.

Fruchtstand;
aus demselben ist ein Viertel
herausgeschnitten.

3,5
—
1

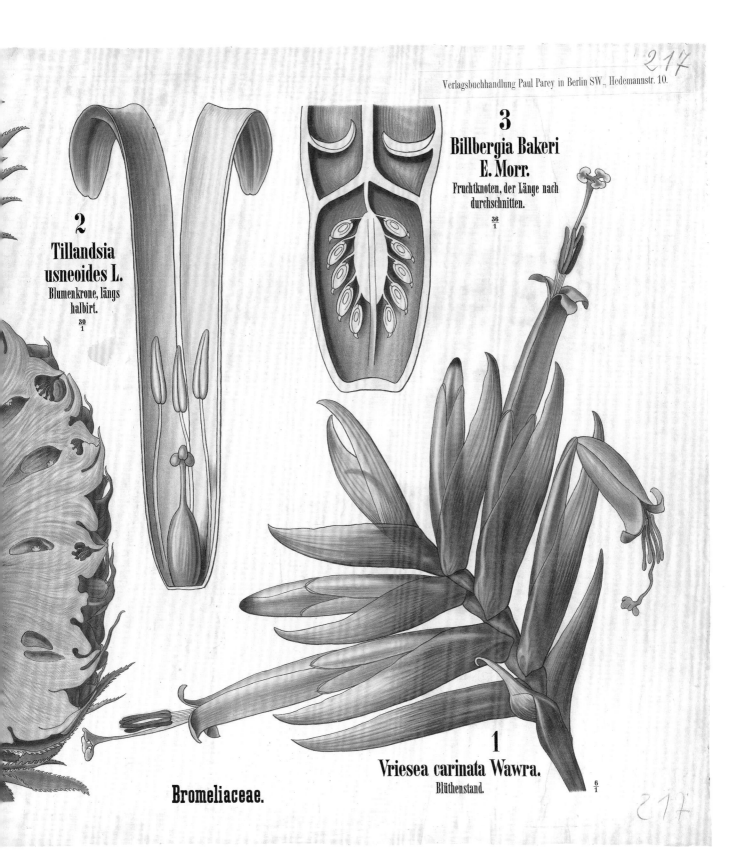

Verlagsbuchhandlung Paul Parey in Berlin SW., Hedemannstr. 10.

3

Billbergia Bakeri
E. Morr.

Fruchtknoten, der Länge nach
durchschnitten.

$\frac{36}{1}$

2

Tillandsia
usneoides L.

Blumenkrone, längs
halbirt.

$\frac{30}{1}$

Bromeliaceae.

1

Vriesea carinata Wawra.

Blüthenstand.

$\frac{6}{1}$

217

135

Ausländische Kulturpflanzen in farbigen Wandtafeln.

II. Abteilung.

Tafel 11.

Verlag von FRIEDRICH VIEWEG & SOHN, Braunschweig.   Herausgegeben von HERMANN ZIPPEL, gezeichnet von CARL BOLLMANN.   Lith. art. Inst. von C. BOLLMANN, Gera, Reuss j. L.

Wohlfeile Ausgabe.   **Banane** (Musa sapientum L.). ½ der natürl. Größe.   **Wohlfeile Ausgabe.**

1) Männliche Blüte, st Staubblätter; 2) weibliche Blüte, g Griffel; 2a das größere, 2b das kleinere Blatt der Blütenhülle;
3) Fruchtknoten im Querdurchschnitt; 4) Früchte der Banane; 5) Frucht vom Pisang.

對頁圖：說來也怪，齊普爾與博爾曼的芭蕉科植物掛畫竟然不是以果實為主，而是強調葉子（根據他們的觀察，芭蕉葉「是依向右旋轉的螺旋形排列生長」）。

將掛畫的時空背景與描繪的物種納入考量，能有助於了解他們為何這麼做：首先，香蕉（舊學名為 *Musa sapientum*，現為 *Latundan banana*）雖然較小，也不像最常見的栽培品種「華蕉」（Cavendish）或其野生祖先「尖蕉」（*Musa acuminata*）那麼甜，不過華蕉還要再過數十年後才會變得普遍。另外在當時，香蕉被視為熱帶地區的重要經濟作物。齊普爾與博爾曼確實也花了大量篇幅，描寫香蕉許多部位的益處：第一是果實，烹調過後食用或生吃都可以，也可以和水一起打成飲料；第二是花苞末端，中國南部的人將這個部位當作蔬菜食用；第三是葉鞘與根莖，在伊索比亞被視為食材；第四是葉子，加熱後會變得「像紙一樣既柔軟又能彎曲，而且還能防水，很適合作為包材」，也能用來製作頂蓬、雨傘或繩索；第五是葉鞘纖維，能用來編製墊子或枝編物；第六是葉柄，含有更細的纖維，稱為「馬尼拉麻」（Manila hemp），能用來和絲一起紡織製成「奢侈品」或紙張。當整株植物有那麼多不同的用處時，果實豈不就顯得沒那麼重要了？

右圖：相較於齊普爾與博爾曼對整株植物及其眾多實用價值的概述，里歐波德・柯尼則是針對其根部的維管束提供了顯微鏡畫面。這位生物學家選擇以香蕉作為代表，呈現出所有維管束植物（也就是所有的種子植物與蕨類等用孢子繁殖的植物；非維束管植物則包括苔蘚與藻類）的主要運輸系統。在此一運輸系統中，最重要的組織就是木質部與韌皮部（在科尼的圖中依序分別標示為 Xyl.[木質部] 與 Phl.[韌皮部]）。木質部負責運送水與

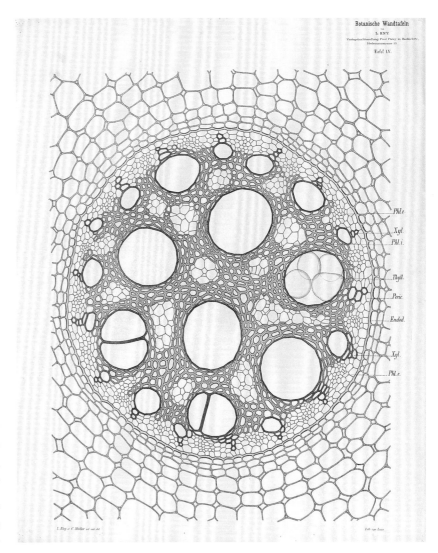

礦物質到植物的各個部位，韌皮部則負責傳輸有機養分到有需要的地方。科尼的掛畫能用來從更細微的觀點切入說明香蕉的解剖結構，也能作為維管束植物的運輸圖範例。

對頁圖：

標　題	香蕉（*Musa sapientum* L.）
作　者	赫曼・齊普爾；插畫家：卡爾・博爾曼
語　言	德語
國　家	德國
叢書／單本著作	《彩色掛畫中的外來作物》
圖　版	第 II 部；11
出版社	Friedrich Vieweg & Sohn（布倫瑞克，德國）
年　份	1897 年

上圖：

標　題	香蕉
作　者	里歐波德・柯尼
語　言	德語
國　家	德國
叢書／單本著作	《植物掛畫》
圖　版	55
出版社	Paul Parey（柏林，德國）
年　份	1874 年

XVI

木樨科（OLEACEAE / OLIVE FAMILY）

　　木樨科成員為森林喬木、灌木與少數木本攀緣植物，共涵蓋 25 屬與 688 種。它們生長於世界上的許多地區，但是在東亞、東南亞與澳洲數量最多。其中落葉植物較常來自北溫帶，常綠植物則來自較溫短的氣候區。可想而知，木樨科（Oleaceae）是以油橄欖的學名（Olea europaea）來命名；油橄欖自古以來就因為果實和油而成為重要的主糧作物。木樨科植物都具有堅硬耐久的木頭，例如梣樹（白蠟樹），因此能提供木材；另一項工業產物則是從素馨花（Jasminum grandiflorum）萃取出的茉莉精油，用於製作香水。木樨科當中的園藝植物經常具有醒目芬芳的花朵，或是能種來作為樹籬，例如連翹屬、木樨屬、女貞屬、總序桂屬與丁香花屬。

　　特徵：葉通常為對生單葉或羽狀複葉，無托葉。花通常為白色，呈輻射對稱，排列成聚繖圓錐花序；合生萼片與花瓣通常各四枚，著生在花冠筒上的雄蕊兩枚；果實有可能是長條形的蒴果、翅果、核果或漿果。

對頁圖：
標　　題　油橄欖
作　　者　阿洛伊斯·波科爾尼
語　　言　無
國　　家　德國
叢書／　　《植物掛畫》
單本著作
圖　　版　無
出版社　　Smichow（努伯特，德國）
年　　份　1894 年

起始頁圖：阿洛伊斯·波科爾尼除了繪製教育性質的掛畫外，更以擅長運用自然印刷法而著稱——那是一種在19世紀中期流行於澳洲的印刷技術。由於工作時會用到植物標本，波科爾尼因而發展出一套美學，並將其反映在他所繪製的掛畫中。他的風格極簡自然，作品令人聯想到植物標本。不過，正因為掛畫能允許不同程度的尺寸放大，也因此波科爾尼在油橄欖樹枝周圍畫了放大的部位。這幅掛畫的左邊是花萼、雌蕊與附有花藥的花瓣，右邊是正在發育的果實與成熟果實的橫切面。樹枝本身則按比例展示出上述所有的部位，包括嬌嫩的白色花朵、年輕果實、以及底部的較成熟果實；後者最終會完全成熟，變成油亮的黑色。

右圖：少了樹園的橄欖樹，還像橄欖樹嗎？在此，一幅來自義大利、作者不詳的掛畫將油橄欖放在其生長環境中；陽光充足、多岩石的樹園就位於溫和的地中海旁。不論依據什麼標準來看，這樣的景色都充份展現出宜人的田園風光，對歐洲橄欖而言也很舒適，因為這種植物偏好多峭壁的沿海景觀，以及溫暖和煦的氣候。另外，在這幅風景畫中還有採收橄欖的人，拿著滿袋的橄欖。橄欖樹在地中海地區具有很高的經濟價值，特別是橄欖油——在所有採收的橄欖中約有90%會用來榨油。要是這幅掛畫的經濟意圖不夠明顯，這名作者還描繪了花、結果的樹枝與果實的橫切面。在最上方也有懸掛在樹枝上的無花果（*Ficus carica*）果實——另一種受歡迎的水果，隸屬於桑科（Mulberry family）——反映出風景右下方矮小灌木的位置。

右圖：

標　　題	油橄欖
作　　者	不詳
語　　言	義大利語
國　　家	義大利
叢書／ 單本著作	不詳
圖　　版	無
出版社	G. B. Paravia（杜林，羅馬，米蘭，佛羅倫斯，那不勒斯，巴勒摩——義大利）
年　　份	不詳

Materiale Scientifico

D 6

左圖與對頁圖：馮・恩格勒德選擇以兩種截然不同的植物來代表木樨科：歐丁香（*Syringa vulgaris*）與歐洲梣（*Fraxinus excelsior*）。

歐丁香從剛進入16世紀起，就開始廣泛種植於歐洲。其著名特徵是淡紫色的圓錐花序，以及散發香甜氣味的管狀花，也因此俗稱為「紫丁香」（common lilac）。馮・恩格勒德的掛畫包含開花的小樹枝（圖a）；一截莖段，上面長有盛開的花、芽，以及外露的雌蕊與雄蕊（圖b）；顯現出花藥的花橫切面（圖c）；花藥（圖d）；花萼與花柱（圖e）；具有兩室與兩顆種子的裂果（圖f、g、h）；種子（圖i、k）；以及花式圖（圖l）。

歐洲梣又稱為「歐洲白臘樹」，就形態而言是木樨科中的異類。花無花瓣，且經常缺乏花萼。每一棵樹都能長出雄花、雌花、兩性花，或是三者混合，不過單性花較常見；此外，同一棵樹能一年都開雄花，隔年卻開雌花（或是相反）。馮・恩格勒德描繪了開有雌花的小樹枝（圖a）；開有雄花的小樹枝（圖b、c）；雄花（圖d）；兩性花（圖e）；子房的橫切面（圖f）；長有葉子與年輕果實的樹枝（圖g）；展開的翅果（圖h）；內含種子的翅果橫切面（圖i）；種子的縱切面（圖k）；正在萌芽的種子（圖l）；以及年輕植株（圖m）。

上圖：
標　題　歐丁香
作　者　馮・恩格勒德；插畫家：C・迪特里希（C. Dietrich）
語　言　德語
國　家　德國
叢書／　《恩格勒德的自然歷史教育掛畫：植
單本著作　物學》（*Engleders Wandtafeln für den naturkundlichen Unterricht Pflanzenkunde*）
圖　版　55
出版社　J. F. Schreiber（埃斯林根，德國）
年　份　1897年

對頁圖：
標　題　歐洲梣
作　者　馮・恩格勒德；插畫家：C・迪特里希
語　言　德語
國　家　德國
叢書／　《恩格勒德的自然歷史教育掛畫：植
單本著作　物學》
圖　版　56
出版社　J. F. Schreiber（埃斯林根，德國）
年　份　1897年

b

c

d

a

g

e

h

i

k

f

l

m

56

Gez. v. Fr. Engleder. (München), unter Mitwirkung von J. Eichler, (Stuttgart.)   Lith. J. F. Schreiber, Esslingen bei Stuttgart.

143

XVII

蘭科（ORCHIDACEAE / ORCHID FAMILY）

　　蘭科的規模與菊科（見第 32 頁）不相上下，也是被子植物中數一數二龐大的科，其下有 899 屬與 2 萬 7801 種，廣泛分佈於熱帶與溫帶氣候區。蘭科的形態極其多變，具有大量令人混淆的自然雜交種，成員皆為陸生、腐生或附生的多年生草本植物。香莢蘭（*Vanilla planifolia*）自阿茲特克時期開始，就因為種莢風味獨特而受人種植。另外，數種紅門蘭屬植物的根則會生產出一種可食用澱粉，稱為「食蘭粉」（salep）。由於花朵美麗、醒目、耐久且時有芳香，許多蘭科成員被種來作為景觀植物，包括嘉德麗雅蘭屬、蕙蘭屬、石斛蘭屬、蕫花蘭屬、齒舌蘭屬、芭菲爾鞋蘭屬、蝴蝶蘭屬與萬代蘭屬。蘭科表現出數種獨一無二的特性，尤其是在花朵上。

　　特徵：花為兩側對稱花，具有花被片六枚，其中一枚特化為「唇瓣」（labellum）——花呈仰臥狀，會 180 度旋轉，導致唇瓣（原本是位於上側的花瓣）最後位於最底下，進而形成了授粉昆蟲的降落平台。一般而言，雄蕊、花柱與柱頭會合生形成「蕊柱」（column），而花粉通常會凝聚成蠟質的粉塊，附著在「小粉盤」（viscidia，或稱「黏盤」）上。根可能有根莖，或是會附生；葉全緣且基部呈鞘，具平行脈，時有褶皺；許多蘭科植物都有假球莖，也就是膨大的莖基，用於儲存水分。果實為蒴果，會產出數百萬顆世上最小的種子。

對頁圖：

標題	蜂蘭（*Ophrys arachnites* Reichard）
作者	阿諾德與卡洛琳娜·多德爾-波特
語言	德語
國家	瑞士
叢書／單本著作	《植物的解剖與生理學教育掛畫集》
圖版	36
出版社	J. F. Schreiber（埃斯林根，德國）
年份	1878–1893 年

Arnold Dodel-Port. ad nat. del.

Ophrys Arachnites Reich.

J. F. SCHREIBER. ESSLINGEN. Impr.

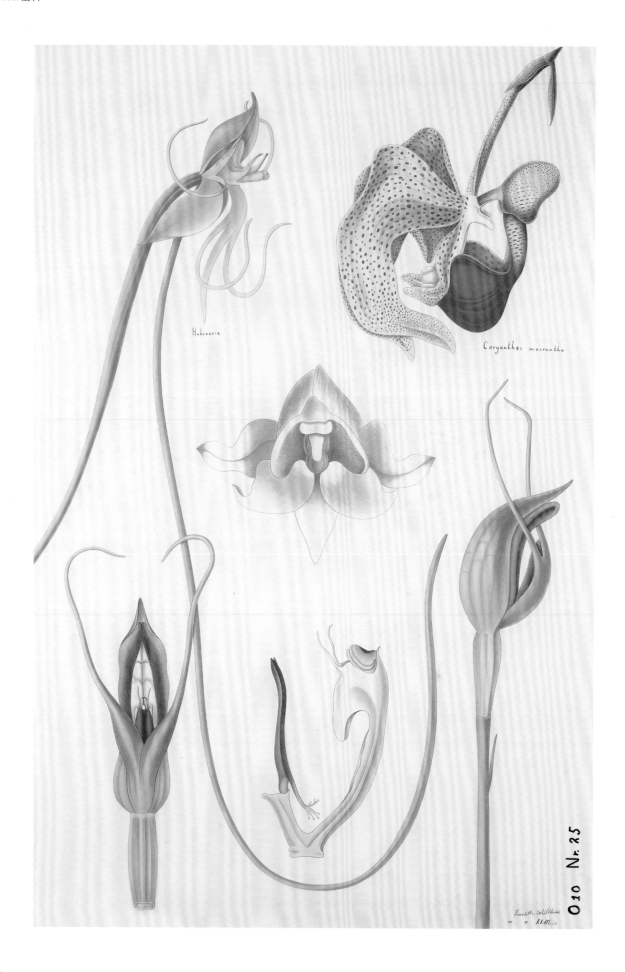

Habenaria

Coryanthes macrantha

起始頁圖：在阿諾德與卡洛琳娜‧多德爾-波特的掛畫集中，他們描述蘭科時寫道：「由於該科物種豐富，成員幾乎遍佈全球所有的熱帶與溫帶氣候區，加上花的形態特殊獨具魅力，立刻就引來自然愛好者的關注；此外，蘭花的結構也是植物形態學中最有趣的觀察。」

儘管蘭花的英文 orchid 最常用來象徵女性，但這個字其實是源自希臘文 orchis，意思是「睪丸」——而圖 2 中的塊根（位於掛畫底部）就是如此命名的原因。在這兩球塊根中，其中一球支撐著地面上的莖，「看起來已變得鬆軟空心，而另一球則儲存了滿滿的養分」。對此，多德爾-波特夫婦解釋：「今年的年輕塊根就是明年的永久芽；它將熬過冬天，形成根與莖。」

蘭花還有另一個惡名昭彰的特性，就是會施展「美人術」，以各式各樣的矇騙手法吸引授粉昆蟲。蜂蘭屬植物尤其狡詐，會模仿雌蜂的外表與費洛蒙氣味，誘騙雄蜂前來進行「擬交配」（pseudocopulation）；而就和字面上的意義完全相同，不知情的授粉昆蟲會試著與花交配，過程中全身沾滿花粉，之後再將花粉帶到下一朵誘拐它的花上。在這幅掛畫中，多德爾-波特夫婦描繪的是蜂蘭（舊學名為 *Ophrys arachnites*，現為 *O. fuciflora*；英文俗稱為「晚蛛蘭」late spider orchid）。較早期的學名與俗稱無疑反映出其詭異的蛛形綱動物外形，然而更新後的拉丁學名字面意思是「蜂花」（bee-flower），或許刻畫得更為準確，畢竟這種花試圖吸引的是蜂，不是蜘蛛。

對頁圖：

標題	蘭花
作者	亨麗葉特‧薛爾修斯（Henriette Schilthuis）
語言	無
國家	荷蘭
叢書／單本著作	無
圖版	25
出版社	女青年工業學校（阿姆斯特丹，荷蘭）
年份	約 1880 年

對頁圖：亨麗葉特‧薛爾修斯畫了至少六幅以蘭花為主的掛畫。此處她畫的是大花吊桶蘭（*Coryanthes macrantha*），一種具有濃郁香氣的附生蘭花，靠雄性長舌蜂（euglossine bee）授粉——這種雄蜂會利用氣味吸引雌蜂。所謂的「吊桶」其實是高度特化的花瓣，可見於掛畫的右手邊。受到花香吸引的雄蜂掠過了唇瓣，降落在吊桶內。被桶內的蜜液浸濕後，雄蜂只得從花後側的小開口奮力擠出，並在逃生過程中背部沾黏上大量花粉。

薛爾修斯對描繪的角度特別講究。她並未將重點放在果實或植物的橫切面，而是將大花吊桶蘭翻轉過來，藉以全面探索花的形態。同時，她也在左側描繪了阿根廷濕地玉鳳蘭（*Habenaria bractescens*），使其橫跨掛畫向外延伸。比起它那豔麗的表親，這種來自南美的沼澤蘭或許還算樸實（儘管它的苞片向下延伸，在掛畫中央形成了大大的 U 字形），但還是可以看出薛爾修斯所展現的藝術技巧。這株柔和的沼澤蘭與外形浮誇的大花吊桶蘭互相照映，不僅為掛畫增添了對稱的美感，其高雅形象也與大花吊桶蘭的誘人魅力不相上下。

BOTANISCHE WANDTAFELN VON L. KNY.
Verlag von Paul Parey in Berlin.

Tafel CXII.

Stanhopea graveolens Lindl. u. **St. oculata** Lindl.

A. RASPER del. O. FORSCH dir.

Lith. u. Dr. HOLLERBAUM & SCHMIDT, Berlin N. 65.

對頁圖與右圖：有時比起全彩掛畫，強調某個顏色的效果會比較好，就如同柯尼與柯爾的蘭科掛畫所示。

里歐波德・柯尼在他平常就會畫的細胞圖旁邊，不尋常地描繪了一朵完整的花，並運用黃色與橘色，為這朵黃花奇唇蘭（*Stanhopea graveolens*）注入了生氣。奇唇蘭屬由附生植物組成，而且全都是靠雄性長舌蜂授粉。這些長舌蜂會受到氣味腺（osmophore，位於唇瓣內的分泌組織）產生的香氣所吸引。由此看來，嗅覺特性可能是用來辨別奇唇蘭屬的主要特徵，而視覺線索則僅占其次。柯尼為了強調嗅覺的重要性，刻意在描繪特徵為乳突狀氣味腺的黃花奇唇蘭時，用色有所保留。其中的四個細部圖（圖2、3、4、5）是用來呈現出紋理明顯的氣味組織。柯尼的掛畫成功刻劃出奇唇蘭屬的兩個特性：其一是形態（圖1），其二則是藉著強調香氣組織的顏色，將無形的特性轉化為有形，使學生們得以想像奇唇蘭屬的強烈香氣——一種吸引授粉昆蟲的主要手法。

F・G・柯爾（F・G・Kohl）是德國馬爾堡大學（University of Marburg）的植物學教授。他所描繪的四裂紅門蘭（*Orchis militaris*）與紫花紅門蘭（*Orchis purpurea*）因花序相似，有可能會造成誤認。這兩者的花穗都是由盔帽狀的紫花所組成，因此乍看之下，會令人好奇柯爾為何選擇畫出塊莖與根系，而不是著重於兩者之間的差異（其中最明顯的是唇瓣的形狀）。話雖如此，就算真的這麼做了，仍舊有可能無法分辨出這兩種植物，因為就和一般的蘭科成員一樣，四裂紅門蘭與紫花紅門蘭之間也經常有異花授粉的情形發生，而且在19世紀的歐洲更是頻繁。只要在密度充足與條件適當的棲地中，種類多到令人混淆的雜交種就能旺盛成長。柯爾的掛畫令學生們安心不少，因為他們能藉此了解到，辨識植物對植物學家來說同樣也是個難題。

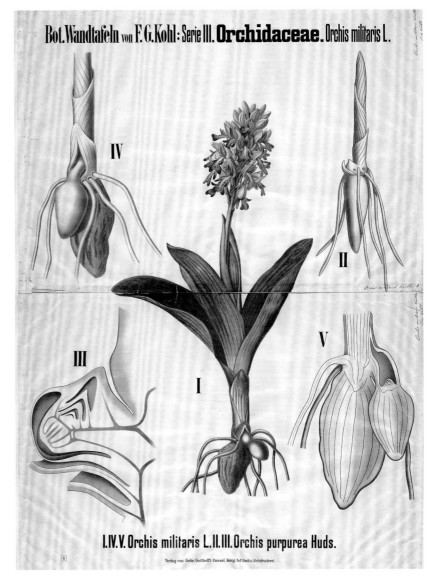

對頁圖：
標　題	黃花奇唇蘭（*Stanhopea graveolens Lindl. u.*），虎斑奇唇蘭（*St. Oculata Lindl.*）
作　者	里歐波德・柯尼
語　言	德語
國　家	德國
叢書／單本著作	《植物掛畫》
圖　版	112
出版社	Paul Parey（柏林，德國）
年　份	1874 年

上圖：
標　題	四裂紅門蘭（*Orchis militaris L.*）
作　者	F・G・柯爾
語　言	德語
國　家	德國
叢書／單本著作	《F・G・柯爾的植物掛畫：系列三、蘭科》（*Botanische Wandtafeln von F. G. Kohl: Serie III. Orchidaceae*）
圖　版	O.10–9
出版社	Gebr. Gotthelft（卡塞爾，德國）
年　份	1898 年

XVIII

罌粟科（PAPAVERACEAE / POPPY FAMILY）

　　罌粟科植物主要分佈於北半球的溫帶地區，其下有 41 屬與 920 種。它們相當一致，大多為一年生至多年生草本植物，只有少數是亞灌木與灌木，例如大罌粟屬。許多罌粟科成員——包括薊罌粟屬、紫堇屬、花菱草屬、海罌粟屬、博落回屬、綠絨蒿屬與罌粟屬——都是舊時受歡迎的園藝植物，因為它們具有鮮豔美麗的花。另外也有些成員被視為雜草，白屈菜（*Chelidonium majus*，俗稱「大白屈菜」〔greater celandine〕）是其中一例。

　　早在西元前 5000 年，罌粟（*Papaver somniferum*）就已種來提取汁液以製作鴉片，至今仍是一種重要的製藥原料與非法毒品。數個世紀以來，罌粟在文學與藝術中一直都和睡眠與死亡有關；托馬斯·德·昆西（Thomas De Quincey）也以罌粟作為靈感來源，於 1821 年寫下《一名英國鴉片吸食者的告白》（*Confessions of an English Opium-Eater*）。虞美人（*Papaver rhoeas*）又稱為「法蘭德斯罌粟」（Flanders poppy），自從在第一次世界大戰的歐洲戰場上開滿鮮豔紅花後，便成為了紀念陣亡士兵的象徵。

　　特徵：葉互生或呈基生蓮座葉叢，無托葉，通常多裂；樹液為乳狀，透明或有顏色，有時具有毒乳膠。花相對簡單；萼片二至三枚，早落；花瓣形態多變，但多為四至六枚，通常在萌芽時起皺且觸感柔滑；雄蕊數枚，通常排列成突出的圓凸（boss）；子房單室。果實為開裂蒴果。

對頁圖：

標　題	虞美人（*Papaver rhoeas* L.），花椒罌粟（*Papaver argemone* L.），白屈菜（*Chelidonium majus* L.）
作　者	歐塔卡·杰布里克
語　言	捷克語
國　家	捷克共和國
叢書／單本著作	《藥用植物》
圖　版	不詳
出版社	Kropác & Kucharský
年　份	1943 年

MÁK VLČÍ - *Papaver rhoeas* L. - Kvetoucí rostlina, dole zralá makovice a zvětšené semeno ze strany a od poutka

MÁK POLNÍ - *Papaver argemone* L. - Kvetoucí rostlina, dole pestík s několika zvětšenými rostlinami a zralá makovice.   VLAŠTOVIČNÍK VĚTŠÍ - *Chelidonium majus* L. - Kvetoucí rostlina, zralá tobolka a zvětšené semeno

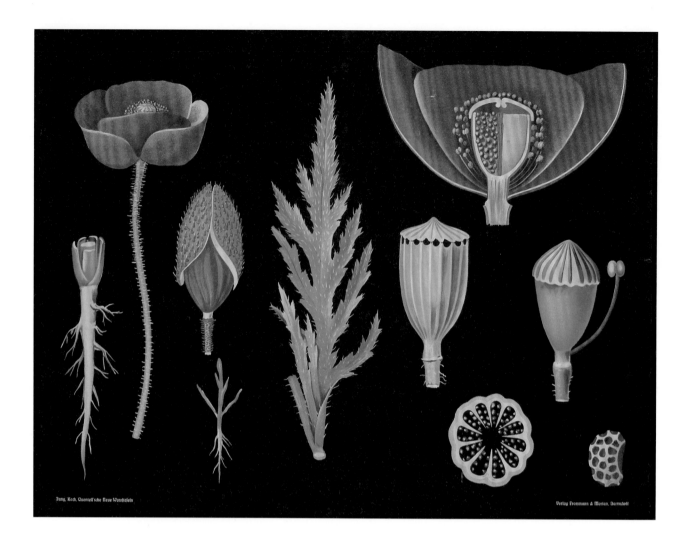

上圖：

標　題	虞美人
作　者	亨利希·瓊·弗里德里希·昆特爾博士； 插畫家：戈特利布·馮·科赫博士
語　言	無
國　家	德國
叢書／ 單本著作	《新式掛畫》
圖　版	7
出版社	Fromann & Morian（達姆施塔特，德國）
年　份	1902–1903 年

起始頁圖：當我們想到罌粟時，浮現腦海的通常會是如紙般滿是皺褶的紅色花瓣，以及如胡椒罐般充滿黑色小種子的種莢。捷克插畫家歐塔卡・杰布里克很了解學生的預期心理，於是將俗稱為法蘭德斯罌粟的虞美人放在插圖的正中央。中間的四瓣花露出內圈如點彩般的藍黑色花藥，她的姊妹們則迴避視線。在她腳邊的矮胖裂果已掀開蓋子，開始散播種子。俗稱「長棘頭罌粟」（long pricklyhead poppy）的花椒罌粟稍往遠處漂移，彷彿是對自己較無生氣的花瓣與細長的果實感到羞怯。

杰布里克用這兩種植物消除疑慮，證明這確實是一幅罌粟掛畫後，卻又悄悄將罌粟科裡的一名異類放入圖中。生長高大的白屈菜就像是罌粟科的黑馬（更準確地說應該是「黃」馬），大膽揮動著那如豆科植物所有的綠色果實、如毛茛屬植物所有的花，以及邊緣呈微鋸齒狀的葉。白屈菜又稱為「大白屈菜」，是孤獨的白屈菜屬當中唯一的物種。所有較小的白屈菜皆隸屬於毛茛科（Ranunculaceae，俗稱為「奶油杯」〔buttercup〕），而白屈菜卻在此處宣稱自己是罌粟科的一員：畢竟不管怎麼說，她和其他的姊妹都擁有相同的雄蕊數量與雌蕊結構。況且她的身體不也覆滿了細毛嗎？這個細節在杰布里克的畫筆下已出現過數千次，不可能錯過。

對頁圖：在瓊、科赫與昆特爾的黑色背景襯托下，虞美人的緋紅與綠顯得格外鮮明。他們在掛畫的左側向我們展示了一朵成熟的花，莖上披覆著剛毛，四片花瓣就像向上翻起的花裙。在花的右邊是一枚新芽，正準備要卸下它那佈滿斑點的頭巾；在它正下方的則是開始成長的年輕植株。將掛畫一分為二的是一片直立的葉子：羽狀淺裂硬葉──任何人只要曾到過花謝

結子的罌粟田裡，都很熟悉這種長相的葉子。在右上方，瓊、科赫與昆特爾描繪了花的橫切面，展現出一般罌粟常見的藍色花藥與大量種子。孔裂蒴果位於下方，顯露出那些用來甩出微小種子的小洞。果實的橫切面（右下）則進一步強調它為數眾多的種子，而這也是這種緋紅色罌粟如此普遍的原因。

孔裂蒴果通常不會將種子散播得又遠又廣，而是會在親本植株周圍大量灑落，創造出種子銀行；這些種子可能會持續休眠，直到土壤被翻動為止。虞美人因而有了第二個俗稱：田野罌粟（field poppy）──原因是它很容易在空地上生長。一株虞美人有可能會產生 6 萬顆種子；而由於絕不會只有一株存在，因此在一塊地上結出數億顆種子，也不是毫無可能。雖然在過去，虞美人的無所不在曾導致它被視為雜草，但是在第一次世界大戰後，這種植物已成為一種象徵，用以紀念英勇喪命的士兵。在戰爭期間，那些在田野上發生的戰亂與埋葬的屍體，反而為虞美人帶來了繁茂生長的機會。

「在法蘭德斯戰場，虞美人迎風搖曳，
綻放於十字架間，一排排一列列，
標示著我們斷魂何處；在空中，
雲雀仍英勇高歌，振翅飛翔，
卻只能依稀聽聞，因槍砲隆隆作響。」

（取自《在法蘭德斯戰場》〔In Flanders Field〕，約翰・麥克雷〔John McCrae〕，1915 年。）

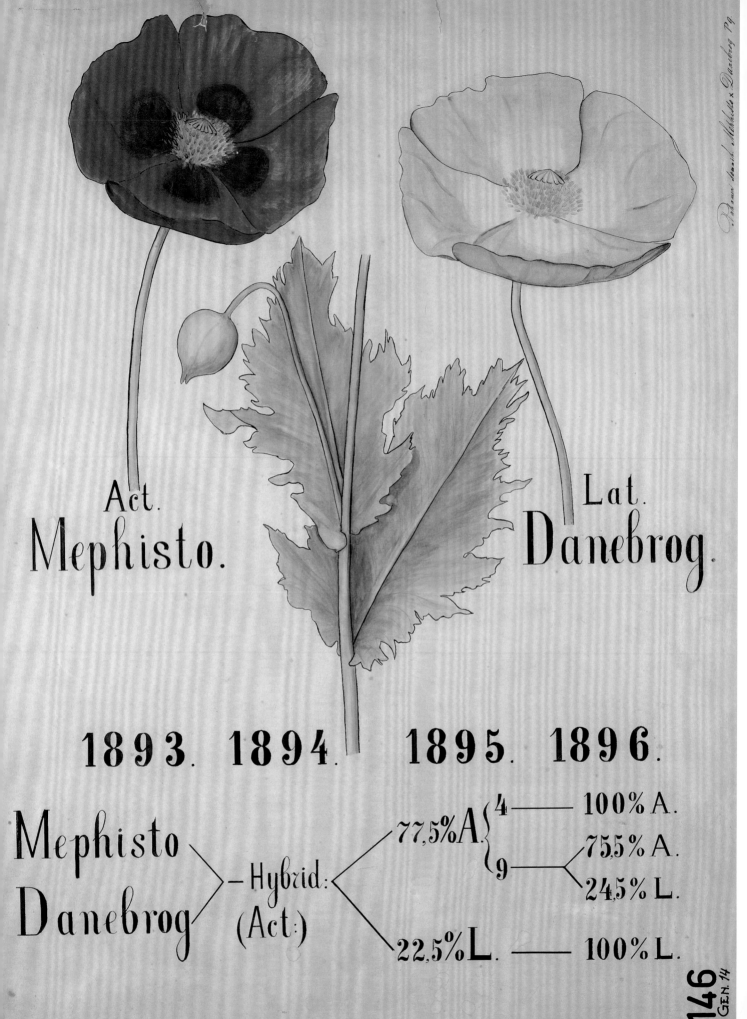

Act.
Mephisto.

Lat.
Danebrog.

1893. 1894. 1895. 1896.

Mephisto
Danebrog ⟩ – Hybrid: ⟨
(Act.)

77,5%A. { 4 ——— 100% A.
            9 ⟨ 75,5% A.
                 24,5% L.

22,5%L. ——— 100% L.

146
G.E.N. 14

Papaver somnif. Mephisto x Danebrog Pg.

Papaver somnif. Mephisto x Danebrog
Pg.

對頁圖：兩種罌粟，一名男子，一場基因革命，以及一幅讀起來像情書的植物掛畫。經過了年輕時對植物的熱切研究（完整收藏了荷蘭的所有植物），以及身為達爾文遺傳理論的門徒與對方通信多年，雨果·德弗里斯（Hugo de Vries）於 1878 年獲任為阿姆斯特丹大學的植物學首席教授。達爾文去世後，德弗里斯積極投入於植物的收集與雜交，以期能針對其導師依據自創的「泛生論」（pangenesis）而發展的遺傳性狀理論，改善當中的缺失。其中，他特別賦予自己一項艱難任務，那就是要證明「畸形」（或「突變」）能從某一變種移轉給另一變種。他那令人讚嘆（且出色）的證據就出現在兩種罌粟的後代身上：其一是多頭且具有黑色斑點的梅菲斯特罌粟（Mephisto），在蒴果周圍有異常的果實環（從雄蕊到雌蕊所產生的突變），是他所認定的「畸形」變種；其二是淡粉紅色與白色漸層的丹尼布洛罌粟（Dannebrog），是他所認定的「正常」變種。

在四年的過程中，德弗里斯培育出以黑色與白色為亮點的多頭混種罌粟，顏色比例接近完美的 3：1 ——而他種了一整個花園的證據，最後也演變成能支持孟德爾定律（Mendelian segregation）的獨立發現。儘管德弗里斯不久後就會以他的研究驚豔全球，但或許不會有什麼能比這幅掛畫的纖細筆跡與柔和色調，還要更美好動人了。

右圖：這幅掛畫收錄在名為《德國有毒植物》的一系列叢書當中；圖中，彼得·埃瑟所描繪的罌粟幾乎教人為之沉迷。又或許這就是他的用意——要讓掛畫和主題一樣令人陶醉。畢竟，這種植物長久以來的種植目的，就是為了它的催眠與麻醉功效，而其中最顯著的應用就是鴉片，原料來自未成熟種莢（圖 5）的乳膠（種子內僅含微量）。

埃瑟的掛畫中包含一枚新芽（圖 2）、花藥遭移除的花橫切面（圖 4）與主莖（圖 1）。主莖上面附有光滑無毛的灰綠色葉子，像是在引誘人靠近；另外還分出兩條莖，其中一條昏昏欲睡地低著頭。

對頁圖：

標　題	梅菲斯特罌粟與丹尼布洛罌粟
作　者	雨果·德弗里斯
語　言	荷蘭語
國　家	荷蘭
叢書／單本著作	無
圖　版	無
出版社	無
年　份	1896 年

上圖：

標　題	罌粟
作　者	彼得·埃瑟博士；插畫家：卡爾·博爾曼
語　言	德語
國　家	德國
叢書／單本著作	《德國有毒植物》
圖　版	8
出版社	Friedrich Vieweg & Sohn（布倫瑞克，德國）
年　份	1910 年

右圖：這是齊普爾與博爾曼的另一幅「混科」掛畫；在圖中，他們比較了兩種罌粟科與一種睡蓮科植物的花與果實。

荷包牡丹（舊學名為 *Dicentra spectabilis*，如今稱為 *Lamprocapnos spectabilis*）的形態特殊，樣子就像是流下一滴血的心臟，因而俗稱為「滴血之心」（bleeding heart）。荷包牡丹具有拱形總狀花序，是由多達 20 朵花排列而成。不難理解齊普爾與博爾曼為何會特別強調花的結構，藉以向我們展示花瓣是如何拱起形成心形，以及下垂的白色柱頭是如何形成水滴狀──而這裡就是之後會形成果實的地方（圖1）。成對的內部雄蕊（圖 2、9）是心形花瓣內的防護器官。這種奇特的花因為形態罕見，因而也有了其他同樣古怪的稱呼，包括「維納斯的馬車」（Venus's car）、「沐浴中的夫人」（lady-in-a-bath），以及「荷蘭人的馬褲」（Dutchman's trousers）。

在荷包牡丹旁的第二種罌粟科植物，展現了該科較為常見的形態。虞美人在掛畫中央旺盛生長，揮舞著紅色微小的芽與溫暖熱情的盛開花朵。

最後是睡蓮科的歐亞萍蓬草；之所以出現在這幅掛畫中，或許是因為它那葫蘆外形的果實與罌粟的果實結構，或多或少有些相似之處。

右圖：

標　題	罌粟，睡蓮
作　者	赫曼・齊普爾；插畫家：卡爾・博爾曼
語　言	德語
國　家	德國
叢書／單本著作	《本土植物科屬的代表性成員》
圖　版	第 II 部；47
出版社	Friedrich Vieweg & Sohn（布倫瑞克，德國）
年　份	1879–1882 年

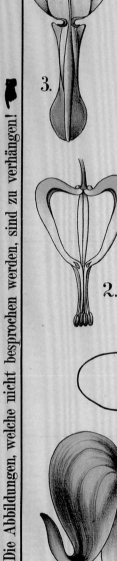

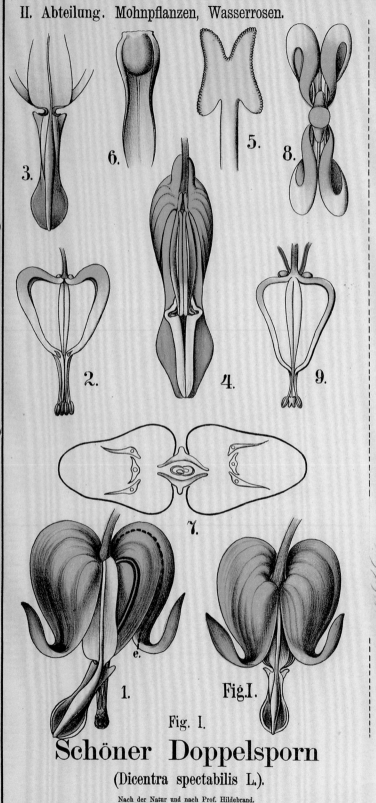

Repräsentanten einh

II. Abteilung. Mohnpflanzen, Wasserrosen.

Die Abbildungen, welche nicht besprochen werden, sind zu verhängen!

Fig. I.

Schöner Doppelsporn
(Dicentra spectabilis L.).

Nach der Natur und nach Prof. Hildebrand.

I. Blüte in natürlicher Grösse; 1. dieselbe nach Entfernung eines halben äusseren Blütenblattes und die Kapuze von den Geschlechtsteilen fortgedrückt; 2. die Geschlechtsteile einer Knospe; 3. oberer Teil derselben von der Kapuze bedeckt; 4. Blüte von der scharfen Seite aus, nach Entfernung eines äusseren Blütenblattes; 5. Narbenkopf; 6. Grund des mittleren Staubfadens eines Staubblattkomplexes, mit der Nektardrüse; 7. Grundriss einer Blüte (Rinne der Staubblätter im Querschnitt); 8. die Staubblätter mit den Nektardrüsen vom Grund der Blüte aus gesehen; 9. Pistill und die zwei mittleren Staubblätter aus einer Knospe, vor Öffnung der Staubbeutel.

Verlag von FRIEDRICH VIEWEG & SOHN, Braunschweig.

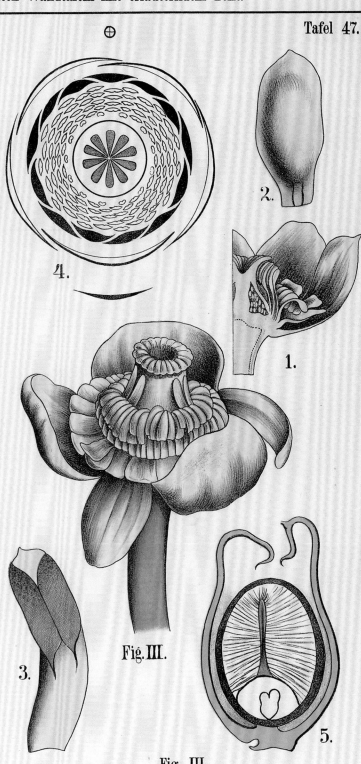

Fig. II.

Klatschmohn

(Papaver rhoeas L.).

Nach der Natur.

Fig. III.

Gelbe Nixblume

(Nuphar luteum L.).

Vergrössert.

im Aufblühen begriffen: **2.** der Stempel, **n** Narbe; **3.** derselbe im Querschnitt, **tr** Samenträger; , unter der Narbe in Löchern (**1**) aufgesprungen; **5.** Same; **6.** derselbe im Längsschnitt, **ei** Eiweiss. **w** Würzelchen und **s** Samenlappen des Keimlings. Teilzeichnungen sehr vergrössert.

1. Ein Teil der Blüte im Längsschnitt; **2.** ein Kronenblatt von der Aussenfläche; **3.** ein Staublatt; **4.** Blüten- grundriss nach Eichler; **5.** der Same mit dem Mantel und dem Keime längs durchschnitten von Nymphaea alba. Einige Figuren nach Schnizlein. Teilzeichnungen sehr vergrössert.

Herausgegeben von HERMANN ZIPPEL und CARL BOLLMANN.

Zeichnung, Lithogr. und Druck des lithogr. artist. Instituts von Carl Bollmann, Gera.

Siehe den ausführlichen Text!

XIX

松科（PINACEAE / PINE FAMILY）

松科共包含 11 屬與 255 種，是毬果植物當中最大的一科，也是具有最多裸子植物的一科。其成員通常為雌雄同株的常綠（落葉松屬與金錢松屬除外）樹脂樹，廣泛分佈於北半球，尤其是溫帶地區。幾乎所有屬的成員都是受歡迎的景觀與造景樹，且當中有許多是軟木材、木漿、樹脂與精油的主要來源，例如冷杉屬、雪松屬、雲杉屬、松屬與鐵杉屬。

宏偉莊嚴的黎巴嫩雪松（*Cedrus libani*）是黎巴嫩的國家象徵，自古以來因木材而受到許多文明的重視——包括巴比倫尼亞人、腓尼基人與埃及人——直到進入了 20 世紀依舊如此。過去在黎巴嫩佔地遼闊的雪松森林如今只剩下十處。刺果松（*Pinus longaeva*，俗稱為 bristlecone pine）生長在內華達州至加利福尼亞州的亞高山帶；儘管氣候條件極端，卻能存活 5000 年之久，也因此從現存的刺果松上取得的年輪標本，也為古氣候學家提供了珍貴的資訊。

特徵：葉針形或線形，單一或呈螺旋狀排列，有時輪生或簇生於短枝上，具有樹脂溝；雌毬果碩大且為木質，上面有許多呈螺旋狀排列的鱗片，每一個毬果都含有兩個胚珠，且通常與苞片明顯不同；雄毬果貌似柔荑花序，具有呈螺旋狀排列的鱗片，每一個毬果都附有兩個花粉囊。樹皮與芽皆呈鱗片狀；種子一般具翅（翅果）。

對頁圖：
標　題　歐洲黑松（*Pinus laricio*）
作　者　阿諾德與卡洛琳娜・多德爾 - 波特
語　言　德語
國　家　瑞士
叢書／　《植物的解剖與生理學教育掛畫集》
單本著作
圖　版　27
出版社　J. F. Schreiber（埃斯林根，德國）
年　份　1878–1893 年

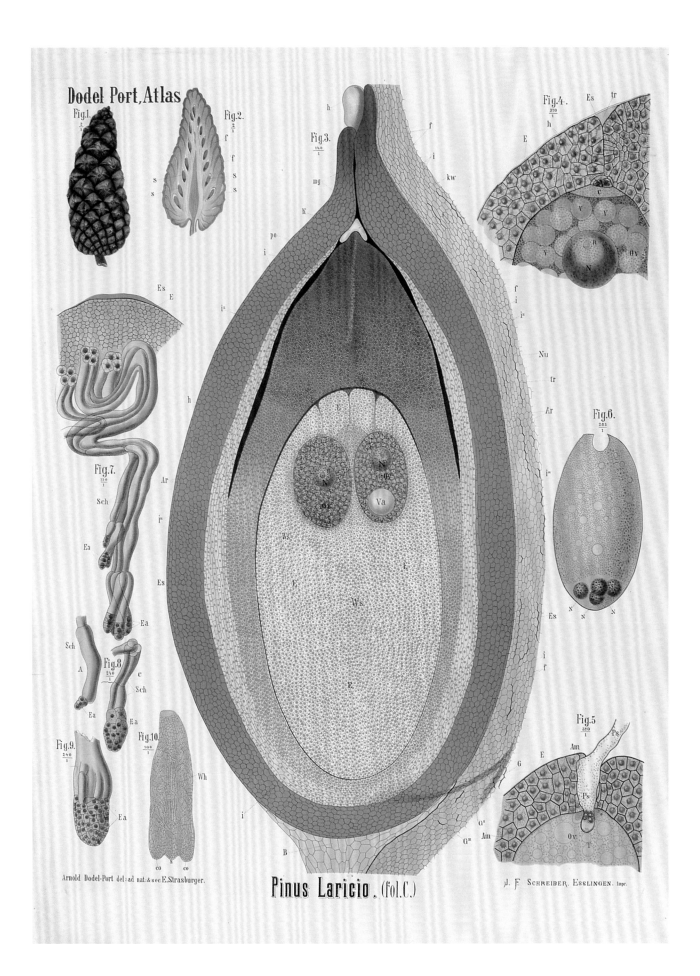

Dodel Port, Atlas

Fig.1.
$\frac{2}{1}$

Fig.2.
$\frac{2}{1}$

Fig.3.
$\frac{140}{1}$

Fig.4.
$\frac{370}{1}$

Fig.5.
$\frac{370}{1}$

Fig.6.
$\frac{261}{1}$

Fig.7.
$\frac{130}{1}$

Fig.8.
$\frac{240}{1}$

Fig.9.
$\frac{240}{1}$

Fig.10.
$\frac{100}{1}$

Arnold Dodel-Port del: ad nat: & sec E.Strasburger.

Pinus Laricio. (fol.C.)

J. F. Schreiber, Esslingen. imp.

起始頁圖：在阿諾德與卡洛琳娜·多德爾-波特的植物掛畫集中，他們納入了三幅歐洲黑松（舊學名為 *Pinus laricio*，現為 *Pinus nigra*，俗稱為「科西嘉松」〔Corsican pine〕）的掛畫。前兩幅描繪了雄花與雌花的形態，在此的第三幅則是依使用這本掛畫集的教師們要求而繪製的。這本掛畫集雖然允諾會解釋植物是如何繁殖，特別是從細胞的層面切入，但多德爾-波特夫婦認為如此細微的描述「在此，基於教學法方面的理由，應該是沒有必要」。最後，多德爾-波特夫婦還是對他們的教師同事們讓步，並用以下這段冗長的文字解釋：「有鑑於此，我遵從他們協調會的決議，在現場的討論小組上宣佈，以歐洲黑松授粉胚珠內的親密性行為，來填補『繁殖生理學』（physiology of reproduction）上最後一個重大的空缺。」

右圖與對頁圖：從近距離特寫到兩幅全長的畫像，考茨基與貝克的版面編排與他人的完全不同。他們唯一的主題就是樹，且所有掛畫的中央都是一棵漂亮成熟的樹，置身於符合物種特性的如畫般美景之中：對銀冷杉（*Abies alba*，俗稱為 European silver fir）來說（對頁）是多山的地平線與閃閃發光的溪流；而在此對海岸松（*Pinus pinaster*）來說則是沿海花園與地中海的微風——果真是名符其實的「海岸」松。

海岸松是一種受歡迎的景觀樹種，生長快速，偏好潮濕的冬天與乾燥的夏天。由於木頭質地特別硬，因此得以作為重要的木材來源。這幅掛畫的下半部以這棵樹的細節為主，包括一小枝針葉、數顆大翅的種子（這種植物正是以此著稱），以及一個雌毬果。

在對頁，可以看到銀冷杉高過其他表親所形成的較矮小樹叢。儘管高達約 130–160 英尺（40–50 公尺），但銀冷杉並不是松科中最高的樹——道格拉斯

冷杉（coast Douglas-fir，即「海濱黃杉」〔*Pseudotsuga menziesii* var. *menziesii*〕）、錫特卡雲杉（Sitka spruce，即「北美雲杉」〔*Picea sitchensis*〕）與壯麗冷杉（*Abies procera*）是少數幾種能勝過銀冷杉的樹，能長到它正常高度的兩倍。然而，這些高聳的樹種皆源於北美，至於它們的歐洲表親則幾乎不會超過 200 英尺（68 公尺）高——這解釋了銀冷杉為何在考茨基與貝克的掛畫中如此高聳突出。

掛畫中的細部圖包括樹皮的橫切面、一小枝針葉、一個毬果與數顆種子。

上圖：

標　題	海岸松
作　者	約翰·考茨基（Johann Kautsky），G. V. 貝克（G. V. Beck）
語　言	德語
國　家	捷克共和國
叢書／單本著作	《哈廷格的掛畫》（*Hartinger's Wandtafeln*）
圖　版	23
出版社	Carl Gerold's Sohn（維也納，奧地利）
年　份	約 1880 年

對頁圖：

標　題	銀冷杉
作　者	約翰·考茨基，G. V. 貝克
語　言	德語
國　家	捷克共和國
叢書／單本著作	《哈廷格的掛畫》
圖　版	23
出版社	Carl Gerold's Sohn（維也納，奧地利）
年　份	約 1880 年

HARTINGERS WANDTAFELN
BÄUME XXXXXXX TAFEL XI

abete bianco

VERLAG VON CARL GEROLD'S SOHN, WIEN XXXXX
LITHOGRAPHIE Ü. DRUCK V. ALBERT BERGER, WIEN

對頁圖：雖然相較於直接操作標本的觸覺體驗——意思是離開時手指上沾滿了花粉和難洗的樹液——掛畫或許只是替代方案，但卻能讓學生們一窺植物生命週期的全貌。而透過掛畫的呈現，毬果與子房、花粉、種子之間的連結也能有所彰顯。

在此，瓊、科赫與昆特爾描繪了歐洲赤松（Pinus sylvestris，俗稱「蘇格蘭松」〔Scots pine〕）的雙頭分枝，上面長有許多成對的針葉、兩個帶有花粉的雄毬花，以及兩個帶有種子的雌毬花——其中一個幼嫩（綠色），另一個成熟（咖啡色）。在右上方角落則有一對裸露的針葉，以及一對由支托鱗片所包覆的幼嫩針葉。

成熟的雄毬花是咖啡色的（右下），由一排排具有雙花粉囊的雄蕊所組成。位於完整毬果上方的是一對尚未分離的雄蕊。在那上方的則是一顆未成熟的花粉粒。未成熟的雌毬花具有綠色的心皮，頂端為紅色（左下），每一枚心皮都帶有兩個柔軟的胚珠（上方）。這些胚珠在掛畫中是非常微小的細節，但卻是歐洲赤松的一大特徵——如果沒有裸露的種子，歐洲赤松就不能算是裸子植物（具有毬果），而是被子植物（會開花）。

在雌毬花與其胚珠下方的是一枚經授粉的心皮，以及兩個受保護的翅果。每一片翅膀都帶有一顆種子，萌芽後就會捨棄種皮；與被子植物不同的是，這裡沒有果實，只有種子與傳播用的翅膀。

在掛畫的最底下有一些年輕的根在土壤中蔓延，位置就在圓月形的淺色莖橫切面下方。

背面圖：這幅掛畫與前述的對頁圖沒有太大的不同，但還是值得納入討論，因其展現了精美的細節、出色的構圖與豐富的漸層色彩；這些條件加總在一起，創造出瓊、科赫與昆特爾企圖在他們經典的黑色畫布上所突顯的鮮明活力。對插畫家來說，用白色背景戲劇性地呈現事物整體，會比較困難一些；必須要在對比、編排與細節方面花費更多苦心，才有辦法達成——而這些奧圖·施梅爾都做到了。

特別令人欣賞的是施梅爾對花粉的描繪，包括用詞與內容。他在書中敘述風吹過授粉松樹的枝頭：「在大量的雲霧中綁架了它，（以致）一場大雷雨後，整座森林……都被黃色的粉層所籠罩。『天下起了硫磺雨，』無法解釋這些黃色軌跡的人們這麼說道。」施梅爾又繼續描述花粉粒（圖5），提到其兩側各有一個充滿空氣的氣囊：「這個熱氣球飛行的距離能有多遠，從我們找到花粉的位置就能明顯看出——通常距離任何一棵松樹都有數英里之遠。」

在左上方角落，一枚帶有花粉的幼嫩鱗片（圖3）才剛裂開，準備要傳播花粉；而在其左側，一對垂直相連的鱗片則已飄散出花粉——正如施梅爾對讀者的提醒，松樹都是藉由風來授粉。因此，在少了風的情況下，花粉只會三三兩兩掉落在下方的雄蕊上。而少了雄蕊，花粉就會掉落在較低處的毬果上；這也是為什麼松樹的雌毬果一般都長在較上方的樹枝上——為了要預防自花授粉（這是松樹為適應環境演變而來的一項特性，在瓊、科赫與昆特爾的掛畫中只有默默被帶過）。

讀者或許也會感到納悶，為何兩幅掛畫都沒有納入這種雄偉松樹的全貌，尤其是考慮到施梅爾對細節的重視，以及他對歐洲赤松的熱愛——他認為德國的廣大森林（以及德國人民）都欠這種植物一份恩情：「無數人民的福祉因歐洲赤松而緊密連結。」

對頁圖：

標題	歐洲赤松
作者	亨利希·瓊、弗里德里希·昆特爾博士；插畫家：戈特利布·馮·科赫博士
語言	無
國家	德國
叢書／單本著作	《新式植物掛畫》
圖版	41
出版社	Fromann & Morian（達姆施塔特，德國）；Hagemann（杜塞道夫，德國）
年份	1928 年；1951–1963 年

背面圖：

標題	歐洲赤松
作者	奧圖·施梅爾
語言	德語
國家	德國
叢書／單本著作	《植物掛畫》
圖版	3
出版社	Quelle & Meyer（萊比錫，德國）
年份	1907 年

(Joh. Messing & Schwabe), Kunstanstalt, Stuttgart.

Verlag von Erwin Nägele, Stuttgart.

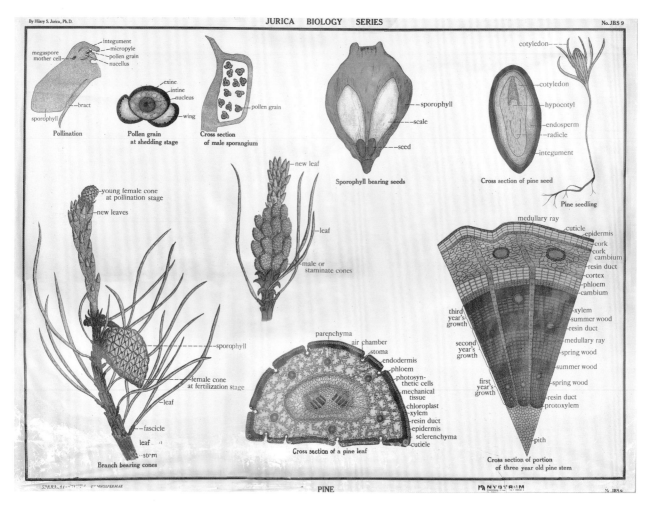

By Hilary S. Jurica, Ph.D.　　　　　JURICA BIOLOGY SERIES　　　　　No. JBS 9

上圖：在這幅迷人的掛畫上，可以看到另一種松樹的木頭橫切面與針葉。繪圖者是一名斯洛伐克裔的化緣修士，名為「希勒里·尤里卡」（Hilary Jurica）。尤里卡神父在美國伊利諾州的克羅弗戴爾（Cloverdale）長大，在修得植物學博士學位後，他繼續到大學教書，並開始收集全國各地的植物標本，用來輔助課程與繪製他的教學掛畫。由於他從未打算在國外使用這些掛畫，也因此在掛畫中針對各個植物部位，都放上了直截了當的稱呼。

在掛畫左側，兩個幼嫩的雌毬果座落在莖段的頂部（如同我們之前所見，這是為了要預防自花授粉）。在它們右側的是莖的橫切面，其中包括氣孔，也就是葉或莖表皮內的孔隙，用於行光合作用與呼吸作用。大多數植物的氣孔在白天會張開，如同圖中所描繪

的一般。然而，這些通氣管道也使水蒸氣得以蒸發，也因此孔隙的大小能依據環境條件而有所變化。

位於右下方的是樹齡三年的松樹樹幹橫切面。該圖展現出樹幹在每年春夏兩季的成長，以及其外表皮、韌皮部與形成層。條狀的射髓垂直穿越生長輪，使合成物質得以從形成層呈放射狀傳輸給較內層、較老且容易受感染的木頭。不論是莖或樹幹都佈有樹脂道，或是能分泌樹脂的細胞間室。毬果植物的共通點在於，這些通道都是用來對抗昆蟲攻擊的主要防禦系統。

上圖：

標　題　松樹
作　者　希勒里·尤里卡
語　言　英文
國　家　美國
叢書／　《尤里卡的植物學系列》（Jurica Biology
單本著作　Series）
圖　版　9
出版社　A. J. Nystorm & Co.
年　份　約 1920 年代

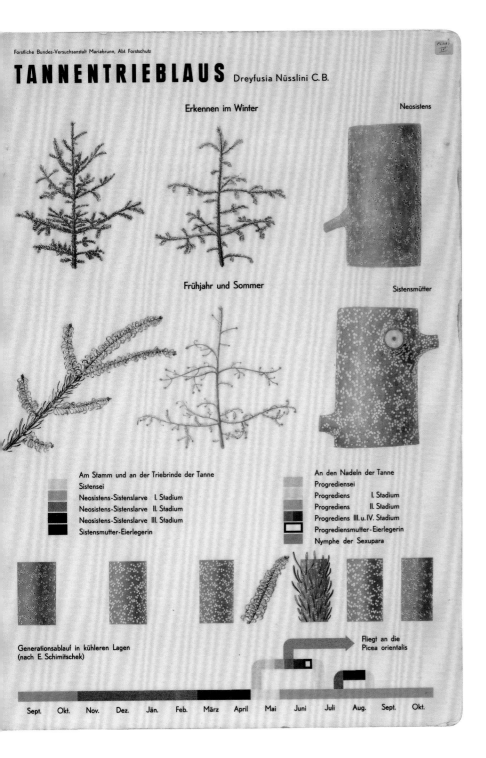

右圖：蚜蟲是一種會製造麻煩的昆蟲，而這幅來自德國的掛畫概述了其生命週期。此處所討論的蚜蟲是高加索冷杉樹球蚜（*Dreyfusia nsslini*，如今較普遍的學名為 *Dreyfusia nordman-nianae*），俗稱「冷杉綿蚜」（woolly fir aphid），在 1840 年從高加索引進中歐，並在 1880 年前抵達德國。說來一點也不誇張，這種高侵略性的昆蟲能吸乾一整棵幼嫩的植株；對松樹與毬果植物而言，它是極具破壞力的害蟲。透過這幅掛畫，學生們或許能更了解其複雜的生命週期與入侵的不同階段，但令人遺憾的是，在面對這種蟲害時，除了挑出受影響的樹木將其燒毀外，似乎也別無他法。

左圖：

標　題	冷杉綿蚜（*Tannentrieblaus*）
作　者	不詳
語　言	德語
國　家	德國
叢書／單本著作	不詳
圖　版	IV
出版社	聯邦森林研究中心；森林保護（Forstliche Bundes-Versochsanstalt Mariabrunn, Abt. Forstchutz）
年　份	不詳

薔薇科（ROSACEAE / ROSE FAMILY）

　　薔薇科涵蓋 104 屬與 4828 種，主要出現在北溫帶地區。成員為木本與草本植物，大部分是多年生，但也有少數是一年生。該科因擁有某些著名的庭園樹與灌木而受矚目，像是薔薇屬、枸子屬、白鵑梅屬、棣棠花屬與火刺木屬，另外也有野生的樹，例如山楂（*Crataegus monogyna*，英文名為 hawthorn）與花楸（*Sorbus*，英文名為 mountain-ash 或 rowan）。其他的園藝植物則包括羽衣草屬與水楊梅屬。該科也包含許多溫帶地區的水果，例如蘋果、櫻桃、桃子、梨子、李子、覆盆子與草莓。突厥薔薇（又名「大馬士革玫瑰」，*Rosa × damascena*）以商業規模種植，用於為香水產業製作玫瑰精油。

　　特徵：托葉著生於每一片葉子的葉柄基部；萼片五枚；離生花瓣五枚；花一向具有花托筒（由花瓣、萼片與雄蕊基部合生而成的杯狀構造）；雄蕊通常數量多；果實形態多變，通常為梨果（例如蘋果）、小核果（例如黑莓）、核果（具有硬核的果實）、蓇葖果或小堅果。

對頁圖：

標　題　犬薔薇（*Rosa canina*）
作　者　亨利希・瓊・弗里德里希・昆特爾博士；
　　　　插畫家：戈特利布・馮・科赫博士
語　言　無
國　家　德國
叢書／　《新式植物掛畫》
單本著作
圖　版　9
出版社　Fromann & Morian（達姆施塔特，德國）；
　　　　Hagemann（杜塞道夫，德國）
年　份　1928 年；1951-1963 年

Jung-Koch-Quentell

Lehrmittelverlag Hagemann, Düsseldorf

Graphisches Institut Julius Klinkhardt, Leipzig.

3

10

8

8a

9

W. Heubach

Verlag von Quelle & Meyer in Leipzig

起始頁圖與前頁圖：兩組作者的風格迥異，對於犬薔薇也展現出兩種截然不同的詮釋——儘管他們的掛畫具有許多相同的元素。

為本章開場的是瓊‧科赫與昆特爾的犬薔薇，優美姿態宛若置身於玫瑰園中的淑女；但事實上，犬薔薇更像是寒酸襤褸的小人物，野生於鄉下的灌木樹籬中，在樹梢間雜亂蔓延。不過這些美麗的農村薔薇倒也不是與貴族毫無關聯：騎士時代的玫瑰紋章就是依據犬薔薇設計而成。

而在前頁中，奧圖‧施梅爾也為我們帶來了生長於鄉間的同一種野生薔薇，但他筆下的這株植物看起來很不一樣。施梅爾的犬薔薇是多刺的灌木叢，花序的特寫展現出不同生長階段的花所形成的雜亂花簇，以及不完美的葉片——正如我們在生活中可能會見到的樣子；不過這樣的呈現當然也能被當作是具有教誨意義的比喻。

除了花與刺莖的細節外，兩組作者皆透過橫切面，向我們展示果實內逐漸成熟的種子；而圖中的果實之後會長成鮮紅色薔薇果，因富含營養而深受野生動物與藥草師喜愛。在兩幅掛畫的右下方都有一個樣貌奇特的東西，名稱也很古怪，叫作「羅賓的針墊」（Robin's pincushion）。在此「羅賓」指的是英國民間傳說中一個愛惡作劇的人物：好人羅賓（Robin Goodfellow）——這肯定是因為他就是相傳將「針墊」種在那裡的人。事實上，這個奇特之物是一種常見的蟲癭，由小型癭蜂（Dipoloepis rosae）的幼蟲所造成，夏末時有可能會在犬薔薇的莖上看到。在這些纖維狀的蟲窩中，大約有 40–60 個癭蜂幼蟲正在成長，等到秋天蟲癭轉為咖啡色且變得乾枯後，這些幼蟲就會孵出。施梅爾比瓊‧科赫與昆特爾還要更進一步，在掛畫中描繪了肇事的癭蜂與其幼蟲後代。

對頁圖：馮‧恩格勒德的掛畫畫風簡樸且不具文字描述，不僅適用於國際間各種場合，亦可見於世界各地。不同於許多掛畫的是，這些都是由同一人負責著述與繪製。恩格勒德在慕尼黑擔任教師，而他的一系列掛畫就是為了國小課程而設計。他的圖不會太過理想化，也不會太過明確。舉例來說，他將常見的蘋果（Malus domestica）描繪成一顆單純飽滿的梨果——不侷限於任一品種，且不論地理位置在哪都很好認。同時，由於恩格勒德力求逼真，他所描繪的果實上也出現了微微的碰傷痕跡。而正如同許多掛畫一般，這樣的真實性能為描繪的事物帶來可信度與可近性。

一般而言，馮‧恩格勒德會將每一個元素都視為獨立個體來處理，使其等距分佈，並在周遭填滿充裕的空白。整幅掛畫看起來舒服之餘，又能引導觀者的視線在物體間移動。舉例來說，圖中有兩對事物雖然位置不相鄰，但一看就知道是要用來做比較的，那就是果實與子房的垂直（圖 c、f）與水平（圖 d、g）切面——用意是為學生們描繪出蘋果不斷變化的構造。

前頁圖：

標　題	犬薔薇（德文原文：*Hundsrose*）
作　者	奧圖‧施梅爾
語　言	德語
國　家	德國
叢書／單本著作	《植物掛畫》
圖　版	11
出版社	Quelle & Meyer（萊比錫，德國）
年　份	1907 年

對頁圖：

標　題	蘋果
作　者	馮‧恩格勒德；插畫家：C‧迪特里希
語　言	無
國　家	德國
叢書／單本著作	《恩格勒德的自然歷史教育掛畫：植物學》
圖　版	31
出版社	J. F. Schreiber（埃斯林根，德國）
年　份	1897 年

對頁圖：如果不是掛在教室的牆上，
阿洛伊斯・波科爾尼的美麗掛畫應該
會出現在家中的植物標本盒裡，或是
高檔的植物圖鑑中。由於他在從事壓
製標本的工作時會接觸到活的植物，
進而也對他的美學產生了影響──他
的畫就像是真實的植物完整地被固定
在標本台紙上。

野草莓（*Fragaria vesca*）俗稱「森林草
莓」（woodland strawberry），原生於
歐洲與亞洲，且生長於野外；果實小
巧可食且帶有強烈香氣，是其拉丁屬
名的靈感來源。如同草莓類植物生長
的樣子，波科爾尼所描繪的野草莓朝
垂直與水平方向生長，加上一條捲曲、
企圖向外脫逃的莖，上面有新芽正開
始成長。

儘管波科爾尼的掛畫貼近真實，但比
例還是刻意被放大了──有人辯稱這
是任一植物插圖為了達到教誨作用的
必要手段。在右下角，果實的橫切面
出人意料地上下顛倒；據猜測，這可
能是波科爾尼企圖要將它和中央偏左
的花呈現鏡像對映──花也是以橫切
面的方式，展現出為數眾多的胚珠與
熱情洋溢的花藥。

在那些葉子當中，波科爾尼增添了兩
個細節，以強調這幅掛畫對寫實性的
著重：在左邊有常見的葉斑病所造成
的紅色斑點，而這種流傳廣泛的疾
病是由一種名為「草莓蛇眼病菌」
（*Mycosphaerella fragariae*）的真菌所引起；
在其右側則有一片邊緣呈均勻鋸齒狀
的葉子，輪廓因飢餓的昆蟲啃咬而變
得凹凸不平。

對頁圖：

標　題	野草莓
作　者	阿洛伊斯・波科爾尼
語　言	無
國　家	德國
叢書／單本著作	《植物掛畫》
圖　版	無
出版社	Smichow（努伯特，德國）
年　份	1894 年

右圖：如同馮・恩格勒德，安德烈與瑪德蓮・侯西諾也親自製著述與繪製掛畫，但其特定讀者群是說法語的人。他們的掛畫在法國變得處處可見，而他們之所以如此成功，一方面是因為在執行上有所成效，另一方面則是後解放時期的法國社會情勢所致。當時法國已準備好要重振教育，因此欣然接受掛畫作為新教師的教學輔助工具。

侯西諾夫婦的插畫平易近人且普遍通用，畫風對年輕的學生來說並不陌生，編排上有點像是故事書。掛畫中納入了以古板的無襯線字體所印成的標示，並且由上而下編排出層次，使學生得以直接連結物體與其名稱。圖中強調的是物體而非細節，也因此觀看者能輕易算出子房裡有九個胚珠，以及果實中有九顆種子。

單調的色域和簡單的線條是主要特色，而在左側帶有陰影與細節描繪的完整植株則是例外，在他們的花卉掛畫中都會附上，為格式統一的各部位圖示提供了對比與背景資訊。

在此侯西諾夫婦描繪的是犬薔薇。*Eglantier* 對不會講法語的人來說或許聽起來很優雅，然而這個名稱其實是衍生自古法文 *aiglantin*，而這個字又是源自拉丁文 *acus*，意思單純是指「針」──可想而知是用來表示犬薔薇多刺的莖。在現代法文中，*Églantine* 則用來指稱野生的薔薇，特別是犬薔薇。

對頁圖：

標　題	犬薔薇（*L'Eglantier*）
作　者	瑪德蓮與安德烈・侯西諾
語　言	法語
國　家	法國
叢書／單本著作	無
圖　版	15
出版社	Éditions Rossignol
年　份	約 1950 年代

15. L'églantier. — 16. Le pois

L'EGLANTIER

LA FLEUR VUE DE DESSUS

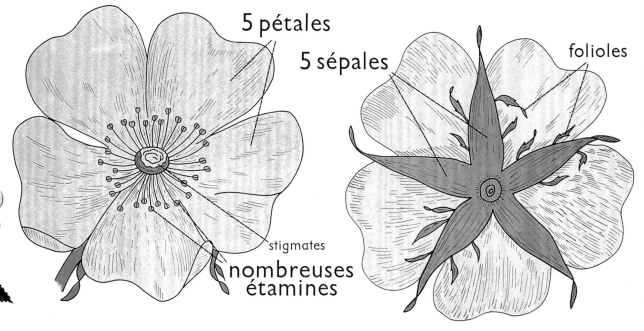

5 pétales

5 sépales

stigmates

nombreuses
étamines

LA FLEUR VUE DE DESSOUS

folioles

COUPE DE LA FLEUR

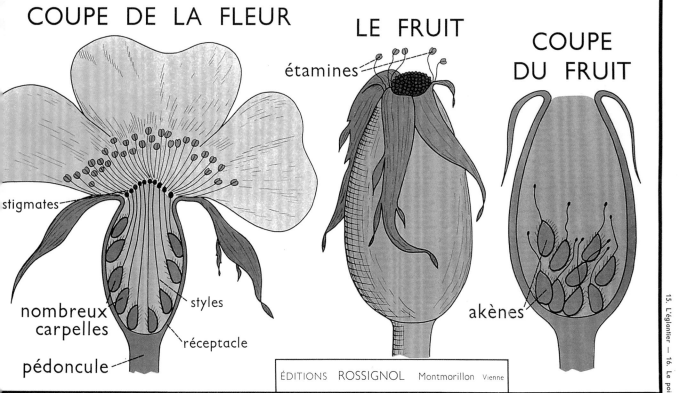

stigmates

nombreux
carpelles

styles

réceptacle

pédoncule

LE FRUIT

étamines

COUPE DU FRUIT

akènes

ÉDITIONS ROSSIGNOL   Montmorillon   Vienne

N° 15

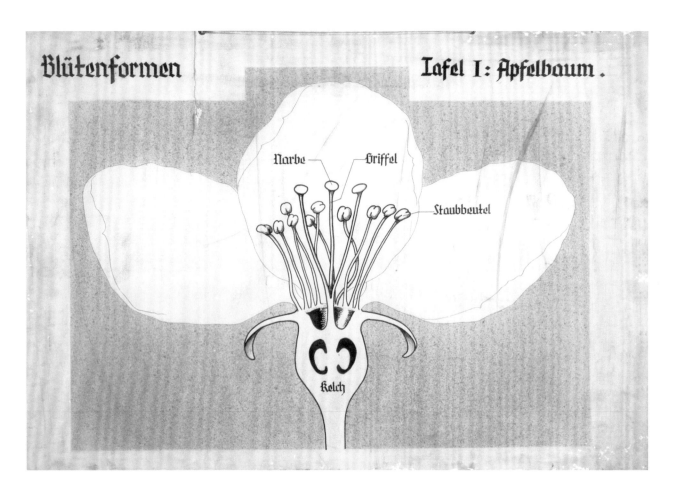

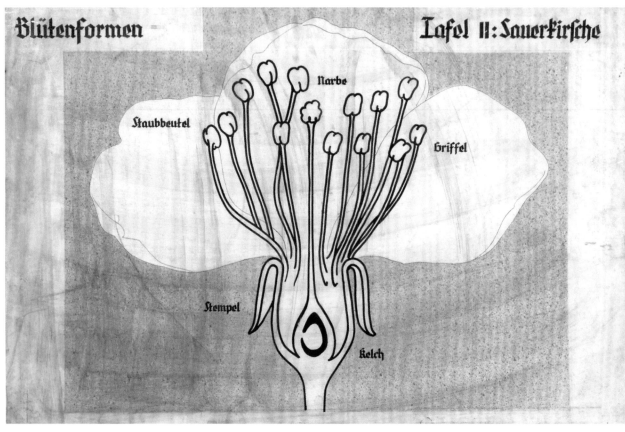

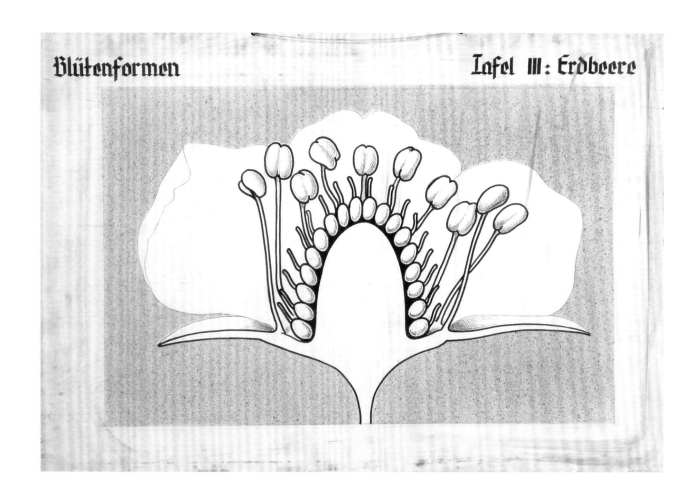

Blütenformen　　　　　　　　　　　　　　　**Tafel III: Erdbeere**

對頁圖與上圖：三幅德國掛畫針對薔
薇科的生殖器官提供了簡單的比較。
Tafel I: Apfelbaum、Tafel II: Sauerkirsche
與 Tafel III: Erdbeere 分別代表蘋果、歐
洲酸櫻桃與草莓。

在這三幅圖中，花的三枚花瓣全被畫
成了整片白色的區域（統一以細線描
繪出輪廓──看起來像是某位學生用
鉛筆加上去的），也因此將焦點都讓
給了花藥、花絲、柱頭、花柱、子房
與胚珠。

這種手法有效地呈現出薔薇科的三種
主要果實：蘋果的多種子梨果、櫻桃
的單一種子核果，以及草莓那表面佈
滿瘦果的膨大肉質果托。

對頁圖與上圖：

標　題	對頁上方：蘋果（*Apfelbaum*）； 對頁下方：歐洲酸櫻桃（*Sauerkirsche*）； 上圖：草莓（*Erdbeere*）
作　者	不詳
語　言	德語
國　家	德國
叢書／ 單本著作	《花的種類》（*Blütenformen*）
圖　版	1；2；3
出版社	不詳
年　份	不詳

XXI

茜草科（RUBIACEAE / COFFEE FAMILY）

　　茜草科是一個具有 609 屬與 1 萬 3673 種的大家族，不過廣泛種植的屬並沒有很多。該科植物分佈範圍廣，但大多出現在熱帶地區。儘管主要為木質灌木，但習性多變，棲地種類多，從乾旱的沙漠到雨林都能適應，另外也包含草本植物、藤本植物與一些喬木。有兩個屬是重要作物的供應來源：提供咖啡的咖啡屬，以及提供奎寧類藥物的金雞納屬。受歡迎的景觀植物則包括車葉草屬、寒丁子屬、臭草屬、豬殃殃屬、美耳草屬與仙丹花屬。

　　該科也包含長久以來被用來製作紅色染料的染色茜草（*Rubia tinctorum*，俗稱為 madder），以及屬於入侵雜草的豬殃殃（*Galium aparine*，俗稱為「切肉刀」〔cleavers〕或「鵝毛草」〔goosegrass〕）。巴爾米木（*Balmea stormiae*，俗稱為 ayuque）是紅丁桐屬中唯一的一種植物，具有鮮豔的紅花，在墨西哥逐漸變得稀有，因當地會定期砍伐作為聖誕樹使用。少數幾種茜草科成員為壺形多肉植物，具有附生習性，例如蟻寨屬與蟻巢玉屬；它們是著名的「蟻植物」（ant plant），因腫脹的莖幹內有孔室，很適合作為螞蟻的居所。

　　特徵：葉為全緣單葉，對生或輪生，托葉有時會特化成葉柄間的假葉；花序一般為團繖狀、聚繖狀、繖房狀、圓錐狀或穗狀；萼片與花瓣四到五枚，偶爾各有 12 枚合生，花萼有時會退化或甚至完全沒有；雄蕊四至五枚，合瓣（與花冠裂片交替）；果實形態多樣，可能為漿果、蒴果、離果或核果。

對頁圖：

標　題	茜草科
作　者	艾伯特・彼得
語　言	德語
國　家	德國
叢書／單本著作	《植物掛畫》
圖　版	10
出版社	Paul Parey（柏林，德國）
年　份	1901 年

Verlagsbuchhandlung Paul Parey in Berlin SW., Hedemannstr. 10.

222

1, 2, 3.
Cinchona succirubra Pav.
Fieberrindenbaum.

1

Eine ganze Blüthe, deren Kronsaum
schräg von oben gesehen.
$\frac{35}{1}$

5.
Asperula odorata L.
Waldmeister.

Reife Frucht, längs durchschnitten.
$\frac{45}{1}$

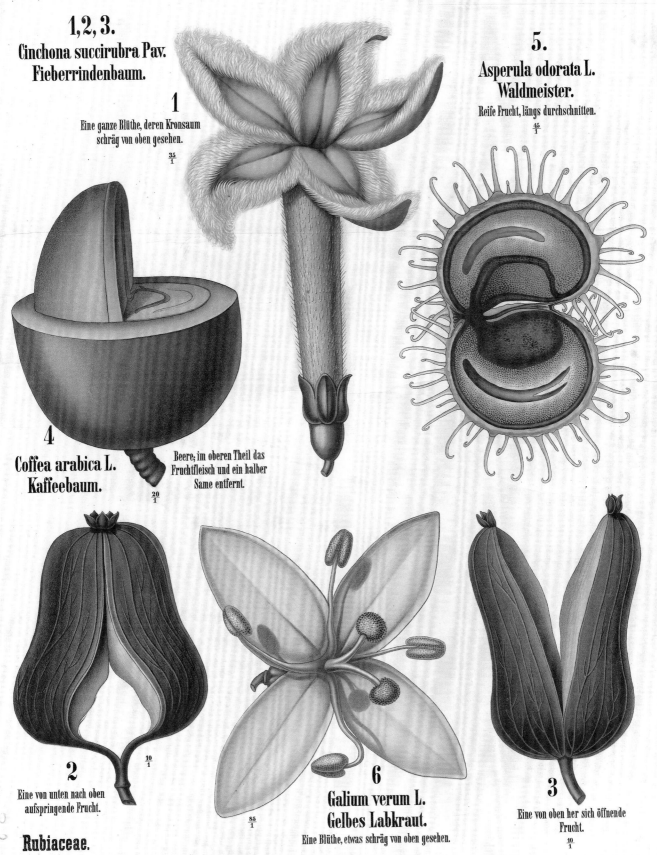

4
Coffea arabica L.
Kaffeebaum.

Beere, im oberen Theil das
Fruchtfleisch und ein halber
Same entfernt.
$\frac{20}{1}$

2

Eine von unten nach oben
aufspringende Frucht.
$\frac{10}{1}$

6
Galium verum L.
Gelbes Labkraut.

Eine Blüthe, etwas schräg von oben gesehen.
$\frac{85}{1}$

3

Eine von oben her sich öffnende
Frucht.
$\frac{10}{1}$

Rubiaceae.

222

起始頁圖：艾伯特・彼得的掛畫針對多種茜草科成員的花與果實，提供了多樣化的介紹，其中除了德國的原生植物外，也涵蓋較具異國風味的種類。他所列舉的本土珍奇之物包括車軸草（舊學名為 *Asperula odorata*，現為 *Galium odorata*，英文名為 woodruff）的開裂種子；這種植物具有細小的刺毛，使其能附著在路過的動物身上，以利傳播。另一種原產於德國的植物是蓬子菜（*Galium verum*，英文名為 yellow bedstraw），特徵是具有四片對稱的尖形花瓣，在此以巧妙的手法描繪，並加上陰影與捲曲的雄蕊，使其獨立於這些花朵所長成的密集花簇。

針對較具異國風味的植物種類，彼得則為我們呈現了部分裁切掉的阿拉比卡咖啡（*Coffea arabica*）漿果——沒錯，就是在成熟紅果實內的咖啡豆。金雞納樹（*Cinchona succirubra*，俗稱「奎寧樹」〔quina〕或「發燒樹」〔fever tree〕）或許最為人所知的是其樹皮的療效，但彼得選擇將重點擺在繁殖上，描繪了其修長且多毛的管狀花，以及種子裂口的兩種視野圖，分別為由下到上和由上到下。

對頁圖：當歐洲的征服者將瘧疾帶到南美洲時，這個已在歐洲大部分地區廣傳的疾病，終於在金雞納樹上找到了解藥。金雞納樹是南美洲的原生植物，因具有解熱功效，當地人稱之為「發燒樹」。據說在 17 世紀中期，金瓊伯爵夫人（the Countess of Chinchón）——也就是當時駐祕魯的西班牙總督夫人——在異鄉染上了瘧疾後，就是以服用金雞納樹皮泡的茶來養病。很快地，這種藥材被運送至歐洲各地的醫院，在各種抗瘧疾的調配藥物中，獲得了一個野心勃勃的稱號：祕魯樹皮（Peruvian bark）。法王路易十四（Louis XIV）的醫生所開的藥方也曾將其納入：「七克的玫瑰葉、二盎司的檸檬汁，以及用金雞納樹皮熬煮成的濃汁，加入酒中一同服用。」

然而，由於這種樹默默無聞，肯定會有藥材商供應假的樹皮。最後，該物種終於獲得了鑑定。1797 年，一段關於該屬的描述寫道：「祕魯樹皮為人所用了一整個世紀，卻無人知曉它是來自什麼樹……欲知但幾乎不得其門而入，因博物學家無法輕易造訪其原產國……若不是有某些植物學家獲得機會，在其原產國見識到這種樹，恐怕這樣的無知仍會持續下去。」由此看來，齊普爾與博爾曼可能是認定金雞納樹屬是一個非常重要的屬，因而將其呈現在教育掛畫中。然而奇怪的是，對於它那具有益處的樹皮，兩位作者竟省略了任何相關資訊；或許他們認為光憑種莢（圖 5）與花（圖 1、2），就足以讓人辨識出這種植物了。

對頁圖：

標　題	白金雞納樹（*Cinchona calisaya* var. *josephiana* Wedd.，德語原文為 *Fieberrindenbaum*）
作　者	赫曼・齊普爾；插畫家：卡爾・博爾曼
語　言	德語
國　家	德國
叢書／單本著作	《彩色掛畫中的外來作物》
圖　版	第 I 部；17
出版社	Friedrich Vieweg & Sohn（布倫瑞克，德國）
年　份	1879–1882 年

Verlag von FRIEDRICH VIEWEG & SOHN, Braunschweig. Nach H. ZIPPEL bearbeitet von O. W. THOMÉ, gezeichnet von C. BOLLMANN. Lith. art. Inst. von C. BOLLMANN, Gera, Reuss j. L.

Fieberrindenbaum (Cinchona Calisaya, var. Jose___ a Weddell). *Etwas vergrössert*

1 Blüte; *Vergr. 15.* — 2 Geöffnete Blumenkrone mit den Staubblättern; *Vergr. 15.* — 3 Kelch und Stempel; *Vergr. 25.* — 4 Querschnitt des Fruc___ ___60. — 5 Vom Grunde scheidewandspaltig aufspringende Kapsel; *Vergr. 6.* — 6 Same im Längsschnitt; k Keim; *Vergr. 25.*

右圖：阿拉比卡咖啡源自衣索比亞的森林高地；據說在當地，有位牧羊人觀察到他的羊群在吃了紅色漿果後，變得非常躁動。他自己試吃後，也感覺到微微的亢奮。結果不久後，全國的人都在嚼這種紅色漿果。儘管這個故事的真實性令人存疑，咖啡豆的魅力卻蔓延到紅海的另一頭——前往麥加朝聖的人就曾在途中種下了咖啡種子。到了 15 世紀，咖啡文化已在土耳其、波斯、埃及與北非有所發展。

這幅掛畫大約是在 1890 年時繪製於德國，當時，阿拉比卡咖啡的栽種在拉丁美洲與加勒比海地區十分興盛。圖中有一座正逢收成的咖啡園，而左上方的樹枝則展示了咖啡趨向成熟的漸進過程：帶有茉莉香味的花，以及熟成時由淺綠轉為深紅的漿果。搖落籃中或用手摘採的成熟果實內含兩顆豆子，能用來加工濾煮成咖啡。

施梅爾在刻畫植物時，會連同其生態環境一併納入圖中，而此一系列掛畫與其相似，也會將經濟作物放在產地中。但後者並不特別具有教育意義，純粹只是將環境描繪出來而已。

Cofea arabica.

右圖：

標　題	阿拉比卡咖啡／咖啡（Coffea arabica/ Kaffee）
作　者	不詳
語　言	無
國　家	德國
叢書／ 單本著作	《葛林 - 史密特外來作物》（Goering- Schmidt Ausländische Kulturpflanzen）
圖　版	1
出版社	F. E. Wachsmuth（萊比錫，德國）
年　份	1890 年

茄科（SOLANACEAE / POTATO, TOMATO, NIGHTSHADE FAMILY）

　　茄科規模龐大，涵蓋 115 屬與 2678 種。成員遍佈全球，但主要集中於熱帶地區與南美洲。茄科相當多變，包括一年生到多年生草本植物（其中某些具塊根或根莖）、灌木、小喬木與攀緣植物。儘管當中有某些重要的蔬菜，像是茄子、燈籠果、辣椒與甜椒、馬鈴薯、樹番茄以及番茄，但該科也以有毒植物著稱。事實上，大多數成員的綠色部分吃了都會中毒，不過有些更是因致命而出名，例如顛茄（*Atropa belladonna*，俗稱「致命的茄科植物」〔deadly nightshade〕）。

　　看似矛盾的是，某些有毒植物同時也含有對製藥業而言具醫療價值的成份；這些有益處的屬包括顛茄屬、木曼陀羅屬、軟木茄屬與賽莨菪屬。另一種具商業價值的重要植物是菸草屬，也就是菸草的來源；在過去，菸鹼被廣泛運用在殺蟲劑與農藥的製作上。最受歡迎的茄科園藝植物則包括紫水晶屬、木曼陀羅屬、番茉莉屬、曼陀羅屬、菸草屬、矮牽牛屬、酸漿屬與捲葉茄（*Solanum crispum*）。

　　特徵：葉呈螺旋狀排列，無托葉，從單葉到羽狀全裂複葉都有，通常具獨特氣味；具合軸分枝習性（頂芽停止發育，促使側芽生長）；通常披有絨毛，有時具棘刺或皮刺；大多具五枚萼片、花瓣與雄蕊——萼片有時合生並包覆住果實；花冠裂片五枚；果實為蒴果或漿果。

對頁圖：

標　題	馬鈴薯（*Solanum tuberosum*）
作　者	馮‧恩格勒德；插畫家：C‧迪特里希
語　言	無
國　家	德國
叢書／單本著作	《恩格勒德的自然歷史教育掛畫：植物學》
圖　版	6
出版社	J. F. Schreiber（埃斯林根，德國）
年　份	1897 年

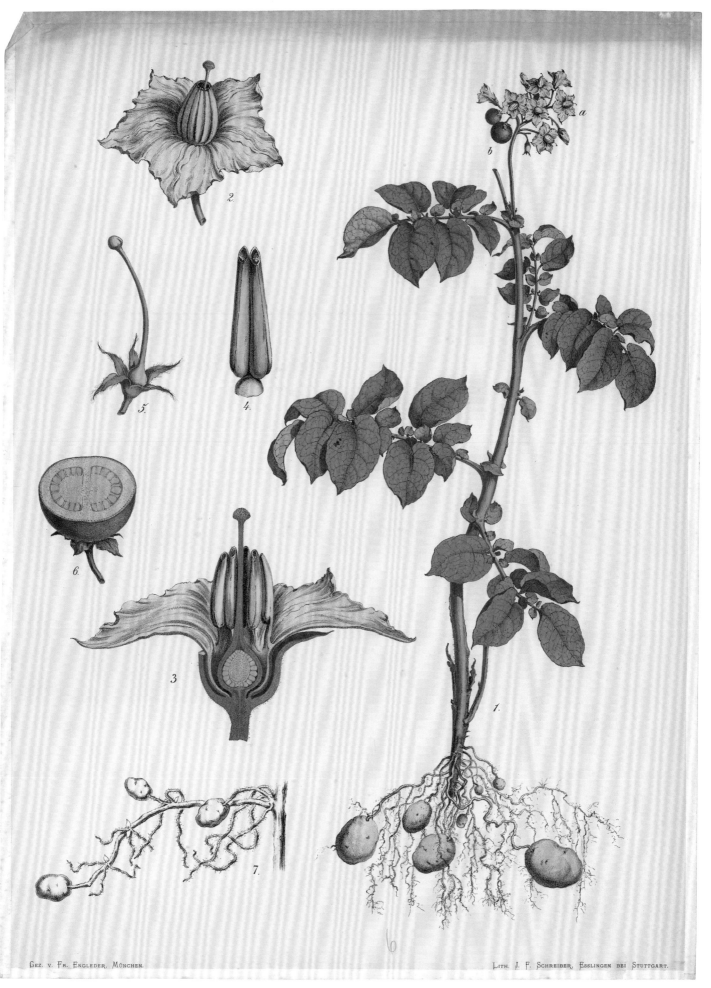

起始頁圖：馮·恩格勒德在圖中呈現了完整的馬鈴薯植株，包括地下的塊莖（圖 1a）與外觀像番茄的果實，後者內含數百顆種子（圖 1b）。考慮到馬鈴薯是世界上極其重要的作物之一，令人不由好奇馮·恩格勒德為何將重點擺在生殖器官，而不是馬鈴薯的塊莖。雖然馬鈴薯能行有性繁殖，但直接從塊莖行無性繁殖才是農業中的常態。

然而，如果你想培育新品種的馬鈴薯，那麼花與果實就變得不可或缺了——無性繁殖只能產生親代的翻版，而有性繁殖則能促進遺傳多樣性。馬鈴薯非常適合用來開發新品種：當耐心照料使其結果後，你通常會看到子代之間有很大的變異。栽種者接著就能選擇他們想要的幼苗，或是讓植物自己行無性繁殖。

在此提醒大家：就像馬鈴薯幾乎所有的部位都有毒（包括轉為綠色的塊莖），以及就像大多數的茄科植物——馬鈴薯的誘人果實也是有毒的。

對頁圖：第一眼見到時，令人感到意外的是，齊普爾與博爾曼的這幅辣椒掛畫竟沒有對那深紅色的果實有更多著墨——畢竟那是整株植物最具經濟價值的部位，富含辣椒素，一種「賦予西班牙辣椒火辣滋味」與拉丁學名的化學物質。這種辣椒非常嬌小，沿著花生長（圖 1），放大後顯現出奇特的雄蕊陣形：在球形子房周圍繞成一個圓環，樣子就像是鑲在王冠狀花瓣上的珠寶（圖 2）；年輕子房內的胚珠排成兩縱列（圖 3）；另外還有中空果實的橫切面（圖 5），內含大量種子。掛畫中最主要的是一段開花的辣椒植株，正準備要長出垂懸的未成熟綠色果實。

只要想到這幅掛畫的目的是教育，就能有助於理解作者的選擇。既然學生們較不認得辣椒的花和葉子，那麼何必要著重大家早已熟悉的果實呢？關於這幅掛畫所欠缺的部份，隨圖文字已概略說明：「辣椒的果實在自然狀態下沒有氣味，但經乾燥碾碎後味道非常刺激，會使人狂打噴嚏，強烈持久的辣味……令消化器官不適，大量攝取更會導致發炎與皮膚泛紅。」

對頁圖：

標　題	辣椒（德語名稱為 *Spanischer Pfeffer*，學名為 *Capsicum longum* DC）
作　者	赫曼·齊普爾；插畫家：卡爾·博爾曼
語　言	德語
國　家	德國
叢書／單本著作	《彩色掛畫中的外來作物》
圖　版	第 III 部；15
出版社	Friedrich Vieweg & Sohn（布倫瑞克，德國）
年　份	1889 年

III. Abteilung, Tafel 15.

Verlag von FRIEDRICH VIEWEG & SOHN, Braunschweig.

Herausgegeben von HERMANN ZIPPEL, gezeichnet von CARL BOLLMANN.

Lith. art. Inst. von C. BOLLMANN, Gera, Reuss j. L.

☞ Siehe die ausführliche Beschreibung im Textbande!

Spanischer Pfeffer (Capsicum longum DC.), sehr vergrössert.

Fig 1. Einzelne Blüte, sehr vergr.; 2. Teil der Blumenkrone, ausgebreitet; 3. Längsdurchschnitt des Fruchtknotens; 4. Frucht, natürl. Grösse; 5. dieselbe im Querdurchschnitt, sehr vergr.; tr. Samenträger, s. Samen.

右圖：天仙子（*Hyoscyamus niger*，俗稱為 henbane）與大花曼陀羅（*Datura stramonium*，俗稱為「刺蘋果」〔thorn apple〕或「吉姆森草」〔jimson weed〕）代表著茄科的黑暗面；數個世紀以來，這兩種植物不斷出現在文獻與插畫中。一份 1831 年的醫學記述在提及大花曼陀羅時寫道：「曼陀羅會使人中毒、噁心、譫妄、喪失官能、嗜睡、變得瘋狂暴怒、失去記憶、痙攣、產生窒息感、四肢麻痺、冒冷汗、極度口渴、瞳孔放大、顫抖，以及死亡。」至於天仙子，這份記述則提出警告：「整株植物都散發出一種強烈的惡臭，且內含大量黏液也具有類似氣味。根的味道甜甜的，偶爾會遭人誤認為是防風草。」這兩種生人勿近的植物都是常見的掛畫主題——沒認出任何一種都有可能惹禍上身。也因此，在右邊這幅由捷克插畫家歐塔卡·杰布里克所繪的掛畫中，我們可以看到這兩種植物從根到果實、徹底的分解構造。

對頁圖：波科爾尼在描繪大花曼陀羅時，沒有畫入任何多餘的部分：一棵開花的植株展現出年輕與成熟的花、大量的葉、新果與裂果、被切斷的莖，以及根系。花的垂直切面與有子果實的水平切面完整了波科爾尼的側寫——使其如以往作品般優美與精準。

上圖：

標 題	天仙子（*Hoscyamus niger*）
作 者	歐塔卡·杰布里克
語 言	捷克語
國 家	捷克共和國
叢書／單本著作	《藥用植物》
圖 版	不詳
出版社	Kropác & Kucharský
年 份	1943 年

對頁圖：

標 題	大花曼陀羅
作 者	阿洛伊斯·波科爾尼
語 言	無
國 家	德國
叢書／單本著作	《植物掛畫》
圖 版	不詳
出版社	Smichow（努伯特，德國）
年 份	1894 年

對頁圖：齊普爾與博爾曼所繪製的菸草（*Nicotiana tabacum*）掛畫能滿足你所有的期待：內容包括花（圖 1）、花冠與雄蕊（圖 2）、子房與花柱的橫切面（圖 3）、花萼與蒴果（圖 4）、種子（圖 5、6），以及位於中央的植株，上面有漏斗狀的花所形成的聚繖花序，以及長滿葉子的葉柄，「上表面呈深綠色，下表面顏色較淺，覆有短短的腺毛；稍微具黏性，有中肋，略呈波浪起伏」，不僅顯著地呈現出菸草的主要特色，也恰如其分地佔據了掛畫的核心地位。

比起插圖，齊普爾與博爾曼的附加說明更加有趣，因為他們在當中針對菸草的作用，插入了自己的意見。說明內容一如往常地從基本形態介紹起——「蒴果為寬橢圓形，上面較窄，比花萼還長」，接著提到栽種情形——「菸草在赤道以南與以北的 15 到 35 度之間生長最旺盛」，然後是消費行為，也就是他們開始評論的地方。在〈菸草的成分〉（Constituents of Tobacco）這個題目底下，他們寫道：「所有種類的菸草在新鮮的狀態下，葉子聞起來或多或少都令人作嘔，而且嚐起來苦苦的；原因在於它們所含有的污穢毒素。」最後，在〈菸草的使用與影響〉（Use and Impact of Tobacco）中，他們作出評論：「將菸草用於抽吸、咀嚼與嗅聞的作法眾所皆知，並且流傳於世界各地。使用菸草會產生很強的麻醉效果，並且會刺激與麻痺神經。菸草越是新鮮，效果就越明顯。初試者會體驗到麻醉效果所造成的嘔吐、腹瀉、頭痛、麻痺與恐懼（懼怕菸草）；年紀較長的使用者則對這些作用的感受較為薄弱……只有在完全長大成人與非常健康的狀態下，才能抽菸！」有關於菸草變得普及的歷史，他們寫道：「嚼菸草在水手之間是很常見的行為，其中又以北美的男性居多。」最後，他們也提到這種有毒的植物是如何抵達他們的國家：「抽菸的行為很快就從西班牙傳了過來；在戰爭的 30 年間，外國軍隊將這種習慣帶入德國，當時只有水手和海軍會抽；然而不久後，上層階級也開始加入行列。」

對頁圖：

標　題	菸草（*Nicotiana tabacum* Linné）
作　者	赫曼·齊普爾；插畫家：卡爾·博爾曼
語　言	德語
國　家	德國
叢書／單本著作	《彩色掛畫中的外來作物》
圖　版	第 I 部；2
出版社	Friedrich Vieweg & Sohn（布倫瑞克，德國）
年　份	1899 年

Verlag von FRIEDRICH VIEWEG & SOHN, Braunschweig.

Nach H. ZIPPEL bearbeitet von O. W. THOMÉ, gezeichnet von C. BOLLMANN.

Virginischer Tabak (Nicotiana Tabacum Linné

Tabak

1 Blüte; Vergr. 2⅔. — 2 Geöffnete, ausgebreitete Blumenkrone mit den Staubblättern; Vergr. 3. — 3 Stempel und unterer Teil der Blüte; letzterer nebst Fr
4 Im Kelche sitzende, aufgesprungene Kapsel; Vergr. 5. — 5 Same; Vergr. 48. — 6 Same im Längsschnitt; k Keimling, e Samen

葡萄科（VITACEAE / GRAPE FAMILY）

　　葡萄科僅涵蓋 16 屬與 985 種，然而在這個小家族裡，有一種植物自農業興起後就一直備受重視——那就是葡萄屬植物，俗稱「葡萄藤」（grapevine）。該科的 16 個屬存在於北半球或泛熱帶地區。葡萄屬植物從北美到東亞都有，但最初為生產葡萄酒、葡萄與葡萄乾而受人栽種的，是地中海地區的釀酒葡萄（*Vitis vinifera*）。古羅馬與希臘人甚至為葡萄藤創造了專屬的神——分別是羅馬的巴克斯（Bacchus）與希臘的戴奧尼索斯（Dionysus）。

　　葡萄科景觀植物的種植目的大多是為了它們的葉子，例如羽裂菱葉藤（*Cissus rhombifolia*，俗稱「葡萄常春藤」〔grape ivy〕）、五葉地錦（*Parthenocissus quinquefolia*，俗稱「維吉尼亞爬山虎」〔Virginia creeper〕），以及地錦（*Parthenocissus tricuspidata*，俗稱「波士頓常春藤」〔Boston ivy〕）。儘管大多數的葡萄科成員都是木本攀緣植物，但某些粉藤屬及所有的葡萄甕屬卻是多肉植物，包括來自納米比亞沙漠、瀕臨絕種的葡萄甕（*Cyphostemma juttae*）；這種植物具有長相怪異、狀似樹幹的淺黃色莖基。

　　特徵：與葉對生的捲鬚；葉有淺裂與深裂兩種，為單葉或複葉；樹皮經常剝落；一般具有五枚萼片、花瓣，以及與花瓣對生的雄蕊；花呈頂生或與葉對生的聚繖花序；果實為多果肉的成串漿果。

對頁圖：

標　題	葡萄屬（*Vitis*）
作　者	阿洛伊斯・波科爾尼
語　言	無
國　家	德國
叢書／單本著作	《植物掛畫》
圖　版	不詳
出版社	Smichow（努伯特，德國）
年　份	1894 年

PB-19

起始頁圖：阿洛伊斯・波科爾尼將植物細膩地描繪在著重留白的畫布上，令人很容易忘記他的畫是為了教室展示所用。他的作品上面沒有標示名稱對照表、比例尺或出版社的名字，似乎更適合放在皇家花譜集或畫廊中。不過由於缺乏說明，波科爾尼的掛畫值得仔細研究。

舉例來說，在這幅掛畫中，波科爾尼並不只是以典型的方式描繪出葡萄屬果實，還加入了三個花冠，使其盤旋於葡萄藤周圍。葡萄屬植物的花具有五枚非常小的花瓣，長度約 0.2 英寸（五公厘），顏色為淺綠，剛長出來時外觀形同一般常見的芽。然而，隨著植株逐漸成熟，花的獨特結構也顯露了出來。花瓣在頂端結合，看起來就像是上下顛倒的花冠。當芽準備要繁殖時，此一帽狀體—或稱「蒴帽」（calyptra）——就會完整地從花的基部分離，展露出裡面的五根雄蕊。花序可見於掛畫上方右手邊；帶有黃色暈圈與雄蕊的花序，預告了之後它們所長成的成熟葡萄串外形——就如同掛畫底部的那串葡萄所示。

對頁圖：此處與次頁的掛畫呈現了研究根瘤蚜（phylloxera）的不同方法，而這反映出全面理解這種害蟲有其必要，畢竟在 19 世紀晚期，它所釀成的可怕禍害摧毀了歐洲大多數的葡萄園。

根瘤蚜是一種會吸食樹液的微型昆蟲；它們以葡萄藤的根與葉為食，並擁有高達八個階段的複雜生命週期，而這些階段可劃分成四種型態：有性型（sexual）、葉癭型（leaf）、根瘤型（root）以及有翅型（winged）——一如德國巴登州葡萄栽培機構（Badisches Weinbauinstitut）所繪製的這幅掛畫所示。

第一種型態始於根瘤蚜的卵，產卵位置在幼嫩葡萄葉的葉背（掛畫左上方）。卵孵化後，雄蟲與雌蟲會立刻交配然後死去，不過在那之前，雌蚜會先在葡萄藤的樹皮內產下一顆越冬卵。葉癭型則始於越冬卵發育而成的若蟲；若蟲在孵化後會爬到葉子上，在葉癭中行孤雌生殖產卵。然後這些若蟲會移動到其他葉子上，不然就是遷移到根部展開新的感染，也就是第三種型態的開始。在根瘤型期間，若蟲會鑽孔進入根部以尋找養分，過程中會以有毒的分泌物感染根部，導致傷口無法癒合，最終殺死整株葡萄藤。每年夏天，這些若蟲都會持續產卵孵化出多達七個世代。接著，這些後代就會擴散到鄰近植株的根部。在進入秋天後孵化的那一代若蟲會躲在根裡過冬，直到隔年春天樹液變多後再開始活動。於是，生命週期又隨著產在葉背上的新卵而再次展開。第四種有翅型發生在潮濕的地區；在那些地方，根瘤蚜的生命週期一開始都相同，唯一的差別是若蟲長出了翅膀，能飛到未受感染的葡萄藤上。

對頁圖：

標　題	根瘤蚜的發展週期（*Entwicklungskreislauf der Reblaus*）
作　者	不詳
語　言	德語
國　家	德國
叢書／單本著作	無
圖　版	無
出版社	Popper & Ortmann with Badisches Weinbauinstitut（巴登，德國）
年　份	不詳

Entwicklungskreislauf der Reblaus.

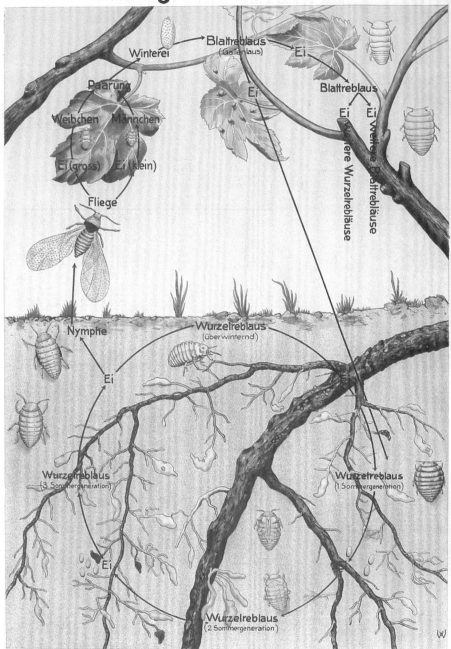

Graph.Kunstanstalt / Poppen & Ortmann / Freiburg i.B.   Badisches Weinbauinstitut Freiburg i.B.

Dr. Ahles, Wandtafeln der Pflanzenkrankheiten. Blatt 2.

Die Traubenkrankheit.

Verlag v. Eugen Ulmer, Ravensburg.

上圖：

標　題	葡萄疾病（*Die Traubenkrankheit*）
作　者	威廉‧阿爾斯博士（Dr. Wilhelm Ahles）
語　言	德語
國　家	德國
叢書／單本著作	《植物疾病掛畫：附上説明，涵蓋農業四大害：麥角病、玉米銹病、馬鈴薯銹病，以及葡萄疾病》（德語原文：*Wandtafeln der Pflanzenkrankheiten: mit text, Vier Feinde der Landwirthschaft: Das Mutterkorn und der Rost der Getreides, Die Kartoffel- und Traubenkrankheit*）
圖　版	2
出版社	Eugen Ulme（拉芬斯堡，德國）
年　份	1874 年

上圖：阿爾斯博士從細胞層面探索根瘤蚜所帶來的危害。圖 1 向我們展示受感染植物的外觀，包括葉子變色；圖 2–6 則以放大畫面向我們呈現顯微鏡底下的情形。葉子上的瘦是由葉瘦型根瘤蚜的分泌物所造成。在這些瘦當中有一隻親代根瘤蚜和圍繞著她的卵，而這些卵在短短幾天後就會開始孵化（圖 6）。透過依階段排序的放大畫面，阿爾斯博士令我們對這些害蟲頗為可怕的規模印象更加深刻。

對頁圖：齊普爾與博爾曼的這幅掛畫盡管標題為「釀酒葡萄」，但他們對根瘤蚜的型態也給予了同等的關注。他們納入了受害植株的果實（圖 1）、盛開的花（圖 2）、帶有萼帽的花冠（圖 3）、卸去萼帽露出環狀腺體的花（圖 4）、已能藉此看出葡萄樣貌的子房橫切面（圖 5），以及葡萄的微小種子（圖 6）。剩餘的掛畫空間交由放大的根瘤蚜型態所支配，作為開場的是遭根瘤蚜若蟲感染而腫大的根（圖 7），其餘的圖則描繪了根瘤蚜生命週期的種種型態。

對頁圖：

標　題	釀酒葡萄（*Vitis vinifera* Linné）
作　者	赫曼‧齊普爾；插畫家：卡爾‧博爾曼
語　言	德語
國　家	德國
叢書／單本著作	《彩色掛畫中的外來作物》
圖　版	第 II 部；21
出版社	Friedrich Vieweg & Sohn（布倫瑞克，德國）
年　份	1899 年

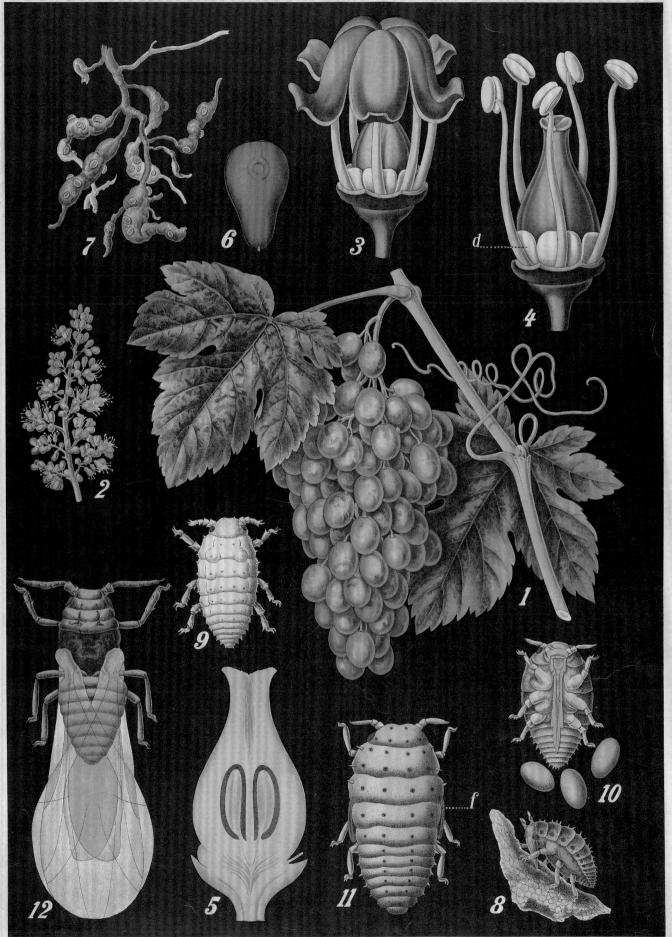

Verlag von FRIEDR. VIEWEG & SOHN, Braunschweig.   Nach H. ZIPPEL bearbeitet von O. W. THOMÉ, gezeichnet von CARL BOLLMANN.   Lith.-art. Inst. von CARL BOLLMANN, Gera, Reuss j. L.

Weinrebe (Vitis vinifera Linné).

1. Fruchttragender Zweig einer Malagatraube; etwas vergrößert. — 2. Blütenstand; Vergr. 2. — 3. Aufspringende Blüte; Vergr. 25. — 4. Blüte nach Abwerfen der Krone; d) Drüsenring; Vergr. 30. — 5. Längsschnitt durch den Fruchtknoten; Vergr. 45. — 6. Rückseite des Samens mit dem kreisförmigen Nabelfleck; Vergr. 10. — 7. Wurzel mit Anschwellungen, sogenannten Nodositäten, mit Reblausen besetzt; vergr. — 8. Saugende Reblaus; stark vergrößert. — 9. Erwachsene Reblaus mittleren Alters im Sommer; stark vergrößert. — 10. Alte, eierlegende Reblaus; stark vergrößert. — 11. Nymphe mit den Flügelansätzen f; stark vergrößert. — 12. Geflügelte Reblaus; stark vergrößert. — Figur 12 nach Zwirner.

XXIV

類型（TYPES）

　　許多教育掛畫無法按照科來分類。這些掛畫與「類型」有關──內容是將不同種與不同科的植物或植物部位放在一起展示，目的或許是為了比較不同科或屬之間葉或花的形態；探索不同的繁殖機制；或是以簡明的視覺輔具，向學生介紹具經濟價值或瀕臨絕種的植物。

　　如同我們在「科」的部分所檢視的所有掛畫，這些類型掛畫也是一種證據，能用來表明植物形態的教學法價值與藝術美感。除了「用眼睛看」，還有什麼更好的方法，能用來學習不同種類的果實（舉例來說）之間的差異？而這些教材竟然能如此賞心悅目，在藝術家的巧手下繪製地如此精緻，這真是太值得讚嘆了。

對頁圖：
標　題　日本政府製作的植物掛畫
作　者　不詳
語　言　日語加上英語的植物學術語
國　家　日本
叢書／　無
單本著作
圖　版　無
出版社　文部省
年　份　1873 年

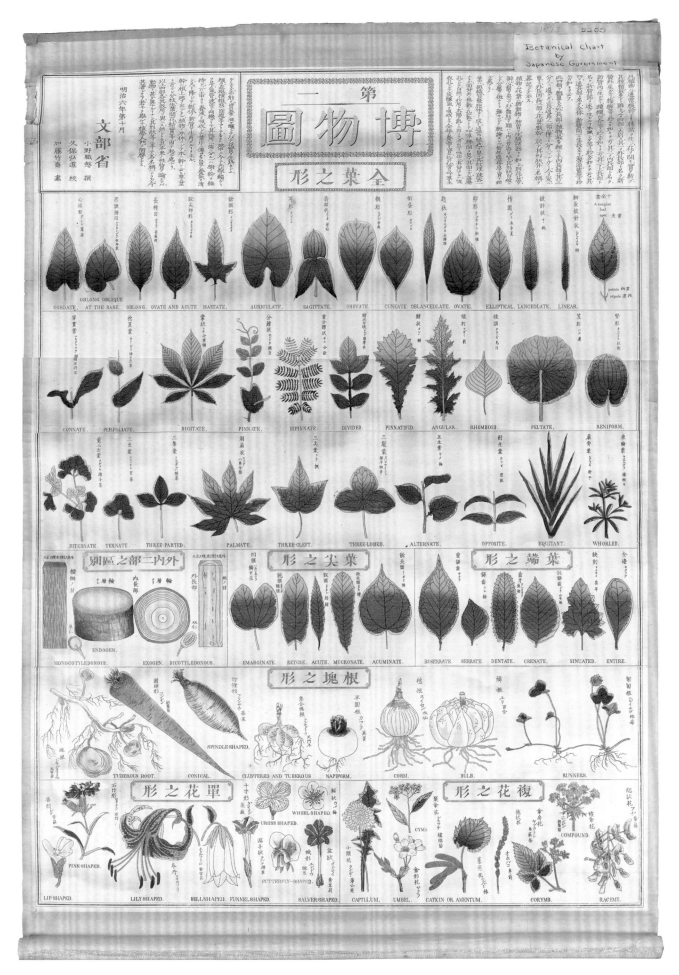

第二

博物圖

全葉之形

CORDATE. OBLONG OBLIQUE AT THE BASE. OBLONG. OVATE AND ACUTE. HASTATE. AURICULATE. SAGITTATE. OBOVATE. CUNEATE. OBLANCEOLATE. OVATE. ELLIPTICAL. LANCEOLATE. LINEAR.

CONNATE. PERFOLIATE. DIGITATE. PINNATE. BIPINNATE. DIVIDED. PINNATIFID. ANGULAR. RHOMBOID. PELTATE. RENIFORM.

BITERNATE. TERNATE. THREE-PARTED. PALMATE. THREE-CLEFT. THREE-LOBED. ALTERNATE. OPPOSITE. EQUITANT. WHORLED.

外部二內之區別

葉尖之形

葉端之形

MONOCOTYLEDONOUS. ENDOGEN. EXOGEN. DICOTYLEDONOUS. EMARGINATE. RETUSE. ACUTE. MUCRONATE. ACUMINATE. BISERRATE. SERRATE. DENTATE. CRENATE. SINUATED. ENTIRE.

根塊之形

TUBEROUS ROOT. SPINDLE-SHAPED. CONICAL. CLUSTERED AND TUBEROUS. NAPIFORM. CORM. BULB. RUNNERS.

單花之形

複花之形

WHEEL-SHAPED. CROSS SHAPED. CYMA. COMPOUND. PINK-SHAPED. BUTTERFLY-SHAPED. LIP-SHAPED. LILY-SHAPED. BELL-SHAPED. FUNNEL-SHAPED. SALVER-SHAPED. CAPITULUM. UMBEL. CATKIN OR AMENTUM. CORYMB. RACEME.

起始頁圖：你知道葉子的形態有哪些
嗎？在研讀過這幅詳盡的日本掛畫後，
不僅是葉子，對於植物的花、根部與
木材生長，你都會有所認識。

右圖：這幅褪色且留有水痕的掛畫是一
個令人遺憾的例子，背負的是許多古老
優美的掛畫都無法逃脫的命運。然而這
也可以作為提醒，讓人明白這些掛畫並
不是那種掛在牆上或用玻璃櫃保護的
展示品，而是具實用價值的物件，總免
不了因使用於教室或講堂而遭到磨損。

這幅掛畫是沃爾特·胡德·菲奇（Walter
Hood Fitch）的作品。他依據約翰·史蒂
文斯·亨斯洛（John Stevens Henslow）
教授與他的女兒安妮·巴納德（Anne
Barnard）所繪的草圖，製作了九幅掛畫，
而這正是其中的一幅。不要被它的破舊
外觀給騙了：只要再仔細一點檢視，就
會發現這幅掛畫對於細節是多麼一絲不
苟，不僅在圖的左手邊有一個內含許多
簡稱的對照表，在右邊也針對最重要的
特色提供指南。

亨斯洛本人是新式教學法的先驅與擁
護者：他為自己的學生安排戶外教學，
讓他們能在自然棲地中仔細觀察植物；
此外，他也將他所繪製的圖帶到講堂
上，鼓勵學生以批判的態度評斷圖中
所呈現的標本。不過，他最為人所知
的應該是曾為查爾斯·達爾文的啟蒙
老師；當他還是劍橋大學的植物學教
授時，曾經指導過達爾文。1831 年，
在遭到妻子勸退後，亨斯洛轉而推薦
達爾文作為他的替代人選，參與英國
海軍艦艇「小獵犬號」的航行——為
期五年的考察之旅對達爾文來說意義
重大，因其促使他醞釀出演化理論。
而在整個航行期間，達爾文都和亨斯
洛保持通信，並且寄送標本給他。

對頁圖：
標　　題　顯花植物（Phænogamous Plants）
作　　者　沃爾特·胡德·菲奇
語　　言　英語
國　　家　英國
叢書／　　《亨斯洛教授的植物圖，繪製者為 W·
單本著作　菲奇，委任單位為教育委員會之科學與
　　　　　藝術部門》（*Prof. Henslow's Botanical
　　　　　Diagrams. Drawn by W. Fitch, for the
　　　　　Committee of Council on Education:
　　　　　Department of Science and Art*）
圖　　版　8
出版社　　Day & Son（倫敦，英國）
年　　份　1857 年

OW'S BOTANICAL DIAGRAMS.

mittee of Council on Education: Department of SCIENCE and ART.

ENOGAMOUS PLANTS.

Division 1. PETALOID.   Section 1. INFERIOR.

XXIV.

FIELD
WOODRUSH.
Luzula
campestris.

XXVII.

LESSER DUCKWEED.
Lemna minor.

Ivy-Leaved D.

the Names of the Orders are Anglicized, by changing the terminations of the Genitive Cases of Typical Genera into "anths" (flowers).

& SON, Lithographers to the Queen, 6, Gate Street, Lincoln's-Inn Fields, and sold also, for the Department of Science and Art, by CHAPMAN & HALL, 193, Piccadilly.

對頁圖：這幅來自瑞典的美麗掛畫是在「葛楚·卡爾伯格（Gertrud Carlberg）的監督下籌劃完成——卡爾伯格是一位家政老師，任教於烏普薩拉（Uppsala）的貿易學校」；圖中所描繪的都是「有用的植物」。每一種植物都畫得像是縮小版的完整掛畫——雖然小但卻十分精細，以至於卡爾伯格女士的學生們在分辨香料是來自哪些植物時，應該不會有什麼困難。儘管如此，這些掛畫顯然不只是要在國內使用，因為說明文字除了原本的瑞典語與植物的拉丁學名外，還包括英語、法語、西班牙語與德語翻譯。

讓我們來看看圖中所涵蓋的香料。上排從左到右：啤酒花（*Humulus lupulus* L.）、茴芹（*Pimpinella anisum* L.）、葛縷子（*Carum carvi* L.）與茴香（*Foeniculum vulgare Mill.*）；中排：罌粟（*Papaver somniferum* L.）、白芥（*Sinapis alba* L.）、芫荽（*Coriandrum sativum*）與辣椒（*Capasicum annuum* L.）；下排：小豆蔻（*Elettaria cardamomum Whit. et Matt.*）、酸豆（*Capparis spinosa* L.）、月桂（*Laurus nobilis* L.）與番紅花（*Crocus sativus* L.）。

對頁圖：

標　題	有用的植物：香料 1（瑞典語原文：Nyttoväxter: Kryddor 1）
作　者	葛楚·卡爾伯格；另外由尼爾斯·卡爾森（Nils Karlson）與 M·理查特（M. Richter）負責籌劃
語　言	瑞典語、英語、法語、西班牙語、德語
國　家	瑞典
叢書／單本著作	無
圖　版	無
出版社	Gunnar Saietz A. B.（斯德哥爾摩，瑞典）
年　份	不詳

BC: 3

UNDER ÖVERINSEENDE AV
GERTRUD CARLBERG
LÄRARINNA VID FACKSKOLAN I HUSLIG
EKONOMI I UPPSALA
UTARBETAD AV
NILS KARLSON och M. RICHTER
ÖVERLÄRARE   VETENSKAPL. TECKNARE

SVENSKA SKOLMATERIELFÖRLAGET
GUNNAR SAIETZ A.-B.
STOCKHOLM

NYTTOVÄXTER
KRYDDOR 1.

SPICES I   EPICES I   ESPECIAS I   GEWÜRZE I

Humle
Humulus lupulus *L.*

Hops   Houblon   Lupulo   Hopfen

Anis
Pimpinella anisum *L.*

Aniseed   Anis   Anis   Anis

Kummin
Carum carvi *L.*

Caraway   Kummel   Comino   Kümmel

Fänkål
Foeniculum vulgare Mill.

Fennel   Fenouil   Hinojo   Fenchel

Vallmo
Papaver somniferum *L.*

Poppy   Pavot   Adormidera   Schlafmohn

Senap
Sinapis alba *L.*

Mustard   Moutarde   Mostaza blanca   Weisser Senf

Koriander
Coriandrum sativum

Coriander   Coriandre   Cilantro   Koriander

Spansk peppar (Paprika)
Capsicum annuum L.

Paprica   Poivre d'Espagne   Pimiento rojo   Paprika

Kardemumma
Elettaria cardamomum Whit. et Matt.

Cardamon   Cardamome   Cardamomo   Kardamom
malabarico

Kapris
Capparis spinosa *L.*

Caper   Capres   Alcaparra   Kaper

Lagerbär
Laurus nobilis *L.*

Bayberry   Baie de laurier   Laurel comun   Lorbeer

Saffran
Crocus sativus *L.*

Saffron   Safran   Azafran comun   Safran

USE PLANTS   **PLANTES UTILES**   **PLANTAS ECONOMICAS**   **NUTZPFLANZEN**

Die in Deutschland vollkommen ge

Diese Pflanzen dürfen nicht gepflückt oder sonstwie beschädigt oder ausgegraben und von ihrem Fundort entfernt werden. Es ist untersagt, sie mit

左圖：或許你會感到意外：在第二次世界大戰即將發生的前幾年，德國納粹熱切關注的竟是生態議題。然而，這幅在 1936 年出版的掛畫——由雨果·伯爾米赫勒（Hugo Bermühler）與德意志帝國自然保育局（Reich Agency for Nature Conservation）合作繪製，不僅傳遞了如此訴求：「齊心協力保護我們的自然環境！」同時也下達了更為嚴厲的禁令：「不得摘採或損毀這些植物，抑或將其從原地點搬移；也一律禁止運送、販賣、購買或保管。」

不論萬惡的納粹言外之意為何，這都是一幅優美動人的掛畫，當中涵蓋了 37 種標示著德語名稱及拉丁學名的瀕絕植物。不過，這幅掛畫之所以值得作為範例，是因為如果你看得非常仔細，你會發現有學生劃掉了某處的拉丁學名，並在底下寫上了新的分類。雖然無法判斷這個有用的塗鴉可能是在何時留下的，但它證明了分類學具有持續變化的特質，也見證了當下的教育環境——也就是這些掛畫最初的用武之地。

左圖：

標　題	受全面保護的植物 （Completely Protected Plants）
作　者	施洛德（Schröder）
語　言	德語
國　家	德國
叢書／ 單本著作	無
圖　版	無
出版社	雨果·伯爾米赫勒，協同德意志帝國自然保育局（柏林，德國）
年　份	1936 年

BOTANIQUE.　　　　　　　　　　　PL.8.

PLANCHES MURALES D'HISTOIRE NATURELLE
PAR M. ACHILLE COMTE.
PUBLIÉES PAR VICTOR MASSON ET FILS À PARIS.
Deuxieme Edition.

左圖與對頁圖：在這裡我們可以看到類似的主題以兩種不同的方式處理。左邊是阿希爾·孔德（Achille Comte）的「葉的各種形態」（法語原文：*Diverses Formes des Feuilles*），對頁是奈莉·博登海姆（Nelly Bodenheim）的「葉杯」（荷蘭語原文：*Bekers*）——也就是杯狀的葉子。孔德的主題在黑色背景上顯得格外突出，特徵是剛硬的線條與對稱的構圖。相形之下，博登海姆的筆觸則較為自由奔放，不同種類的葉子被配置在淺色畫布的各處，彷彿隨機散落一般。

在了解兩位作者的背景與意圖後，這些掛畫的差異顯得十分合理。孔德是有專業認證的學者，在告別了成功的醫生職涯後，轉而到查理曼皇家學院（Royal College of Charlemagne）擔任自然歷史教授，並且在剩餘的人生中持續教書。另一方面，博登海姆不僅是藝術家出身，也以此作為本業。在早期的職涯中，相當於即將邁入 20 世紀之際，她曾和雨果·德弗里斯合作，為他繪製了許多植物掛畫。然而，植物學對她來說只是眾多主題中的其中一種，而她對藝術無疑懷抱著更大的野心。她曾在阿姆斯特丹的國立藝術學院（State Academy of Fine Arts）受訓，並且是「阿姆斯特丹女士」（Amsterdamse Joffers）的成員，這是一個由女性藝術家（大多為畫家）所組成的團體，風格近似於荷蘭的印象派畫家。

因此，我們能理解孔德所設計的整齊掛畫搭配詳細說明，其實是為了教學法所用。而博登海姆的掛畫雖然不乏教育價值，但其重要性次於她對藝術的追求。

上圖：

標　題	葉的各種形態 （*Diverses Formes des Feuilles*）
作　者	阿希爾·孔德
語　言	法語
國　家	法國
叢書／ 單本著作	《自然歷史掛畫》（*Planches Murales d'Histoire Naturelle*）
圖　版	8
出版社	Victor Masson at File（巴黎，法國）
年　份	1869 年

對頁圖：

標　題	葉杯（荷蘭語原文：*Bekers*）
作　者	奈莉·博登海姆
語　言	荷蘭語
國　家	荷蘭
叢書／ 單本著作	不詳
圖　版	不詳
出版社	不詳
年　份	1899 年

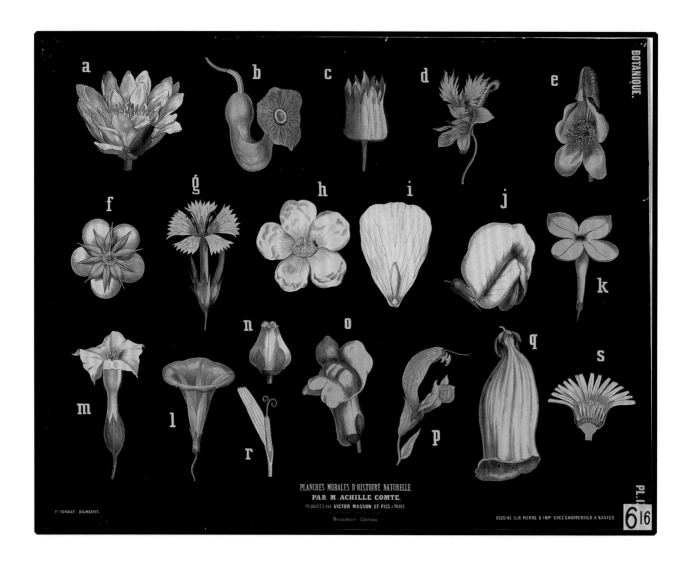

上圖：

標　題	花被的不同形態（*Différentes formes du périanthe*）
作　者	阿希爾・孔德
語　言	法語
國　家	法國
叢書／單本著作	《自然歷史掛畫》
圖　版	13
出版社	Victor Masson at File（巴黎，法國）
年　份	1869 年

對頁圖：

標　題	各種形式的雄蕊、雌蕊、管狀花或蜜腺（*Formes diverses des étamines, des pistils et des disques ou nectaires*）
作　者	阿希爾・孔德
語　言	法語
國　家	法國
叢書／單本著作	《自然歷史掛畫》
圖　版	14
出版社	Victor Masson at File（巴黎，法國）
年　份	1869 年

上圖與對頁圖：阿希爾・孔德的植物掛畫不僅詳盡，也同樣引人注目。上面的美麗掛畫在漆黑畫布的襯托下，強烈鮮明的顏色更為突出；用來頌揚植物（通常）最華麗的部位，是再適合不過了。對頁的掛畫就某種意義而言較為拘謹──固定為黑、白、綠、黃的大膽配色──但用來表現植物性器官不同部位的豐富多變，畫面看起來令人愉悅。由此看來，這幅掛畫是一個很好的例子，不僅展現出「類型」掛畫的好處，也示範了植物掛畫是如何完美融合科學與美學；孔德似乎極盡所能地在圖中放入許多不同的樣本，但這些樣本的排列既不雜亂，也不會看起來枯燥呆板。

掛畫底部有幾何外形的花粉粒（圖 s、t、u）；在南瓜花的花藥橫切面（圖 p）上方，正經歷轉變的白睡蓮花瓣（圖 o）形成王冠狀，而南瓜花花藥的兩側則以不同形態的花粉囊（圖 r、q）接鄰；另外同樣也在掛畫底部，孔德向我們呈現了報春草子房的垂直切面（圖 v）、柱頭（圖 x、1）、兩種不同的花柱（圖 y、z）、管狀花（圖 2）以及蜜腺（圖 3）；除了這些以外，更重要的還有各式各樣的雄蕊與花藥──針對植物的生殖器官，孔德向我們提供了各種從 A 到 Z（加上一些其他編碼）的排序──不過奇怪的是，他似乎總是漏掉 W 這個字母。

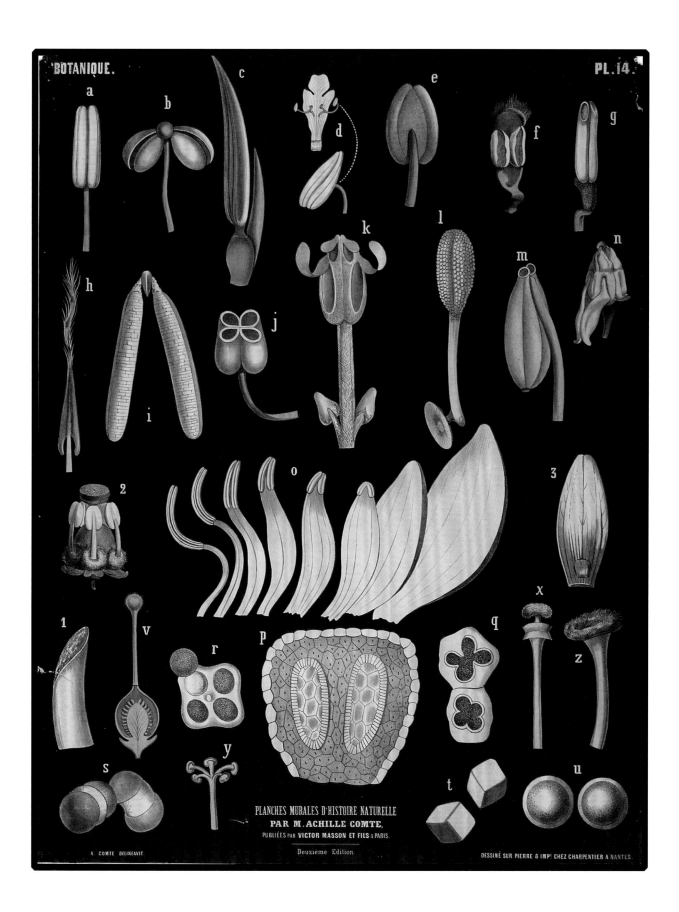

PLANCHES MURALES D'HISTOIRE NATURELLE
PAR M. ACHILLE COMTE,
PUBLIÉES PAR VICTOR MASSON ET FILS A PARIS.

Deuxieme Edition.

A. COMTE DELINEAVIT.

DESSINÉ SUR PIERRE & IMP! CHEZ CHARPENTIER A NANTES.

GENERA of the GYMNOSPERMAE
with the more important
ECONOMIC SPECIES
arranged after
ENGLER & GILG
modified

對頁圖與次頁圖：沒有什麼能比布蘭琪·艾姆斯（Blanche Ames）的優美畫作，還要更適合為我們在植物掛畫世界的探索之旅畫上句點。1900 年代早期，她的丈夫歐凱斯·艾姆斯（Oakes Ames）在哈佛大學教授經濟植物學，而本身是一位自然主義藝術家的她則為丈夫繪製了許多插畫，供他在教學時使用。布蘭琪經常陪伴歐凱斯探索自然，描繪那些他所收集的植物（當他將植物標本集捐贈給哈佛時，當中共含有 6 萬 4000 個標本）。她的素描與水彩畫和丈夫的標本資料庫存放在一起，其中也包含她依據一套柏林植物收藏所繪的畫作（那套收藏在 1943 年的一場炸彈襲擊中已被摧毀）。

此處的這兩幅掛畫（對頁與次頁）和我們之前見過的完全不同。它們以植物類型的種系發生（也就是所謂的譜系樹）作為主題，而非呈現不同植物的形態，或是比較不同植物的各個部位。既然在此討論的是分類學，我們應該早有警覺，在投入數天或數年完成一幅宏偉的掛畫後，有可能會在隔週發現分類已經改變，以致我們的掛畫內容有誤。只要對此有所戒備，我們也能觀賞這些掛畫，找出布蘭琪·艾姆斯的作品在教育、歷史與純粹美學上的價值。

對頁的掛畫探索的是具經濟價值的裸子植物之間的種系發生關係；這些植物首先被分成綱——包括已滅絕的本內蘇鐵目與科達目（Cordaitales），在圖中以截斷的灰色殘幹作為代表——接著被分成科、屬與種。這樣的呈現巧妙提供了直接的對比，使我們能全然以視覺的方式，去了解不同屬之間有哪些共同點，導致它們能被放在同一科中——或是有哪些差異將它們區分開來。

次頁則是相同系列的掛畫，呈現的是後生花被類（Metachlamydeae）或合瓣花被類（Sympetalae）當中具經濟價值的植物——合瓣花被類的物種具有合生花瓣，與具有離生花瓣的離瓣花被類（Choripetalae）物種形成對比。合瓣花被類的上層是雙子葉植物綱（Dicotyledons），也就是掛畫中位於左手邊的大樹枝，而合瓣花被類則是從那裡生長出來的分枝。在談到合瓣花被類與離瓣花被類時，不得不提的是分類學的變化莫測對它們也造成了影響，原因在於它們已不再是流行的分類，加上就分類學的演進而言，它們幾乎不具價值。這兩類的名稱純粹是敘述性的，當時的看法是如此明顯的特徵一定是源自共同的祖先，於是便以此作為根據來命名；結果實際情形卻不是如此。然而，這並不表示這兩類與這幅掛畫毫無用處。就歷史而言，這幅掛畫證明了我們的理解會隨著知識的增長而演進。就教學法而言，這幅掛畫針對不同族群與科別之間類似的花朵結構，提供了一種比較的方式。而就美學而言——想當然爾，沒有人會對艾姆斯在作品中展現的技巧與美感提出異議。

對頁圖：

標　　題　裸子植物的屬當中較具經濟價值的物種——以恩格勒[2]與吉爾格[3]的分類系統作為編排依據（Genera of the Gymnospermae with the more important Economic Species arranged after Engler and Gilg）
作　　者　布蘭琪·艾姆斯
語　　言　英語
國　　家　美國
叢書／　　《艾姆斯的掛畫》（Ames Charts）
單本著作
圖　　版　無
出版社　　無
年　　份　1917 年

2　指德國植物學家阿道夫·恩格勒（Adolf Engler）。
3　指德國植物學家恩斯特·弗里德里希·吉爾格（Ernst Friedrich Gilg）。

213

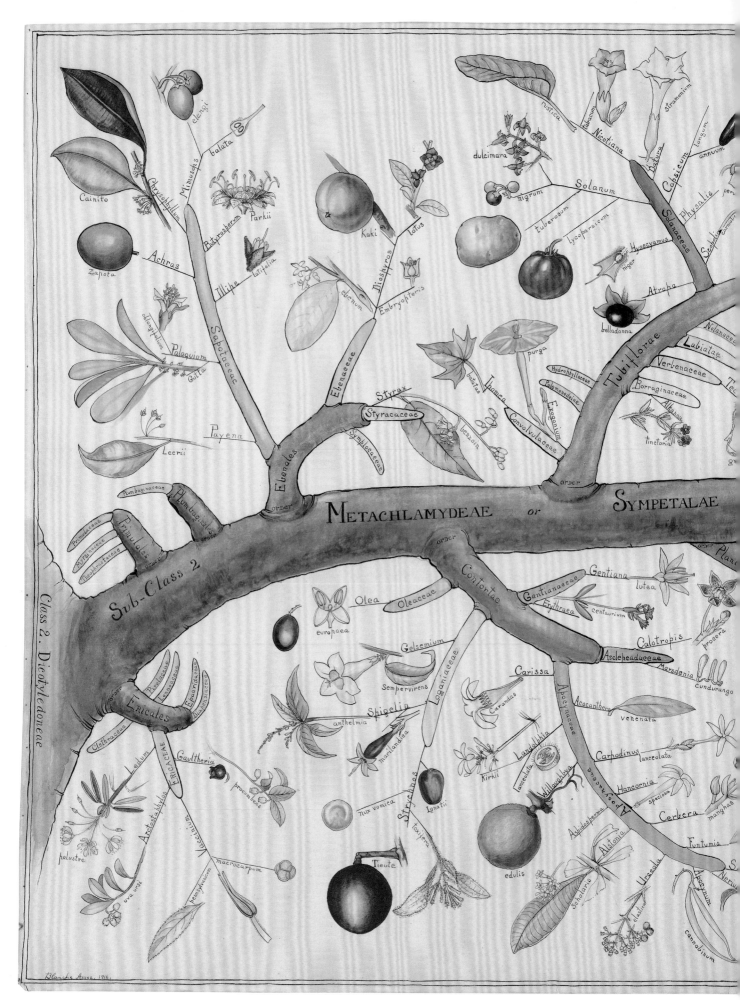

左圖：

標　題　後生花被類的經濟植物——以恩格勒與普蘭特爾[4]的分類系統作為編排依據（*Economic Plants of the Metachlamydeae arranged according to the system of Engler and Pranti*）

作　者　布蘭琪・艾姆斯

語　言　英語

國　家　美國

叢書／
單本著作　《艾姆斯的掛畫》

圖　版　無

出版社　無

年　份　1917 年

---

[4]　指德國植物學家卡爾・安東・歐根・普蘭特爾（Karl Anton Eugen Prantl）。

參考書目

Ames, Oakes. "Pollination of Orchids through Pseudocopulation" Botanical Museum Leafl ets, Harvard University Vol. 5, No. 1, pp 1–27 (July 1, 1937), accessed November 2015. https://www.jstor.org/stable/41762973

Bailey, Liberty Hyde. The Standard Cyclopedia of Horticulture. London: Macmillan & Co, 1917.

Benedictine University. "History of the College of Science: Hilary Jurica." Accessed December 2015. http://www.ben.edu/college-of-science/about/ history-of-the-sciences.cfm

Brickell, Christopher (ed.). The Royal Horticultural Society A–Z Encyclopedia of Plants, 3rd edition. London: Dorling Kindersley, 2008

Butt, Len P. An Introduction to the Genus Cycas in Australia. Milton: Palm and Cycad Societies of Australia, 1990.

Caruel, Teodoro. Storia illustrata dei tre regni della natura del dott. Aloisio Pokorny: Storia illustrata del regno vegetale (Dr. Alois Pokorny's Illustrated History of the Three Kingdoms of Nature: Illustrated History of the Plant Kingdom), Volume 2. Rome: Ermanno Loescher, 1871.

Comte, Achille. Planches murales d'histoire naturelle: Zoologie, Botanique, Géologie (Natural History Wall Charts: Zoology, Botany, Geology), 2nd edition. Paris: Victor Masson et Fils, 1869.

Cullen, James, Sabina G. Knees and H. Suzanne Cubey. The European Garden Flora: A Manual for the Identifi cation of Plants Cultivated in Europe, Both Out-of-doors and Under Glass, 2nd Edition, Volumes 1–5. Cambridge: Cambridge University Press, 2011

Davis, J. R. Ainsworth. Vegetable Morphology and Physiology. London: Charles Griffi n & Company, Limited, 1893.

Detmer, Dr. Wilhelm. Practical Plant Physiology: An Introduction to Original Research for Students and Teachers of Natural Science, Medicine, Agriculture and Forestry. London: Swan Sonnenschein & Co; New York: The MacMillan Company, 1898.

Dittes, Friedrich, Albert Richter, and Heinrich Scherer. Pädagogischer Jahresbericht (Educational Annual Report), Volume 46. Leipzig: Friedrich Biandstetter, 1894.

Dodel-Port, Dr Arnold and Carolina. Erläuternder Text zum anatomisch-physiologischen Atlas der Botanik (Explanatory Text for the Anatomical and Physiological Atlas of Botany). Esslingen: J.F. Schreiber, 1883.

Esser, Dr. Peter. Die Giftpfl anzen Deutschlands (The Poisonous Plants of Germany). Braunschweig: Friedrich Vieweg & Sohn, 1910.

Forster, Beat and Dagmar Nierhaus-Wunderwald. "The Silver Fir Woolly Aphid (Dreyfusia nordmannianae)," waldwissen.net (online version: September 4 2006), accessed November 2015. http://www.waldwissen.net/waldwirtschaft/schaden/ insekten/wsl_weisstannentrieblaus/index_EN

Fritsch, Karl. Pokornys Naturgeschichte des Pfl anzenreiches für höhere Lehranstalten (Pokorny's Natural History of the Plant Kingdom for Higher Educational Establishments) Volume 2. Leipzig: G. Freytag, 1903.

Gerard, John. A Catalogue of Plants Cultivated in the Garden of John Gerard in the Years 1596–1599. London: Privately printed, 1876.

Grey-Wilson, Christopher. Poppies: The Poppy Family in the Wild and in Cultivation (revised and updated edition). London: B.T. Batsford Ltd, 2000

Guttstadt, Albert. Die Anstalten der Stadt Berlin für die öffentliche Gesundheitspfl ege und für den naturwissenschaftlichen Unterricht (The Institutions of the City of Berlin for Public Healthcare and for Science Lessons). Berlin: Stuhr, 1886.

Härtel, W. and K. Schenkl. Zeitschrift fur die osterreichischen gymnasien (Journal for the Austrian High Schools). Vienna: Carl Gerold's Sohn, 1882.

Holzner, W. and M. Numata (Eds.) Biology and Ecology of Weeds. New York: Springer; The Hague: vccc W. Junk Publishers, 1982.

Howell, Catherine Herbert. Flora Mirabilis: How Plants Have Shaped World Knowledge, Health, Wealth, and Beauty. Washington, D.C: National Geographic Society, 2009.

Klein, Aldo Luiz. Eugen Warming e o cerrado brasileiro: um século depois (Eugen Warming and the Brazilian Cerrado: a Century Later). Sao Paulo: Universidade Estadual Paulista, 2002.

Kny, Leopold. Botanische wandtafeln mit erläuterndem text (Botanical Wall Charts with Explanatory Text) Parts I, II, III. Berlin: Wiegandt, Hempel & Parey, 1874.

Kraus, Gregor. Geschichte der Pfl anzeneinführungen in die europäischen botanischen Gärten (History of Plant Introductions into European Botanical Gardens) Leipzig: Engelmann, 1894.

Lanini, W. T, et al. "Pest Notes: Dodder," for UC Statewide Integrated Pest Management Program, University of California, Davis (March 2010), accessed September 2016. http://www.ipm.ucdavis.edu/PMG/PESTNOTES/ pn7496.html#REFERENCE

Levy, Clifford J. "Seeking Purifi cation at Russia's Melon Stands," New York Times, September 21, 2009.

Loudon, Jane. Botany for Ladies; or, a Popular Introduction. London: Bradbury and Evans, 1842.

Marinelli, Janet (ed.). Plant: The Ultimate Visual Reference to Plants and Flowers of the World. London: Dorling Kindersley, 2004.

Phillips, Roger and Martyn Rix. The Botanical Garden (2 vols.), London: Macmillan, 2002.

Parbery, Douglas G. Daniel McAlpine and The Bitter Pit. New York: Springer, 2015.

Porter, Duncan and Peter Graham. Darwin's Sciences. Hoboken NJ: John Wiley & Sons, 2015.

Riley, Charles Valentine. "The Grape Phylloxera" Popular Science Monthly (May 5, 1874), accessed December 2015. https://en.wikisource.org/wiki/ Popular_Science_ Monthly/Volume_5/May_1874/ The_Grape_ Phylloxera

Rosen, Felix. Anatomische Wandtafeln der vegetabilischen Nahrungs- und Genussmittel: Text (Anatomical Blackboards of Vegetables for Food and Beverages: Text), Volume 1. Breslau: J.U. Kern's (Max. Müller), 1904.

Royal Botanic Gardens, Kew, Missouri Botanical Garden, and others. The Plant List: A Working List of All Plant Species, Version 1.1 (September 2013), accessed November–December 2015. http://www.theplantlist.org

Schmeil, Otto. Lehrbuch der Botanik für höhere Lehranstalten und die Hand des Lehrers (Textbook of Botany for Higher Educational Institutions and the Hand of the Teacher). Leipzig: Erwin Nägele, 1904.

Schmeil, Otto. Pfl anzenkunde, unter besonderer berücksichtigung der beziehungen zwischen bau und lebensweise der pfl anzen (Botany, with Special Consideration of the Relationship between the Form 2171907.

Schwartz, James. In Pursuit of the Gene: From Darwin to DNA. Cambridge MA: Harvard University Press, 2008.

Sibley, David Allen. The Sibley Guide to Trees. New York: Alfred A. Knopf, 2009.

Smith, James Edward, George Shaw, and James Sowerby. English Botany; Or, Coloured Figures of British Plants, with Their Essential Characters, Synonyms, and Places of Growth: To Which Will Be Added, Occasional Remarks. London: R. Taylor (printed by), 1812.

Stern, William Louis, Kenneth J. Curry, and Alec M. Pridgeon. "Osmophores of Stanhopea (Orchidaceae)," American Journal of Botany, Vol. 74, No. 9, pp 1323–1331 (September 1987), accessed November 2015. http://www.jstor.org/stable/2444310 Tutin, T. G. et al. (eds.) Flora Europaea Volume 1: Psilotaceae to Platanaceae, 2nd (revised) paperback edition. Cambridge: Cambridge University Press, 2010

Stern, William Louis, Kenneth J. Curry, and Alec M. Pridgeon. Flora Europaea Volume 2: Rosaceae to Umbelliferae, 2nd (revised) paperback edition. Cambridge: Cambridge University Press.

Stern, William Louis, Kenneth J. Curry, and Alec M. Pridgeon. Flora Europaea Volume 3: Diapensiaceae to Myoporaceae, 2nd (revised) paperback edition. Cambridge: Cambridge University Press, 2010

Stern, William Louis, Kenneth J. Curry, and Alec M. Pridgeon. Flora Europaea Volume 4: Plantaginaceae to Compositae (and Rubiaceae), 2nd (revised) paperback edition. Cambridge: Cambridge University Press, 2010.

von Ahles, Wilhelm Elias. Vier Feinde der Landwirtschaft: das Mutterkorn und der Rost des Getreides, die Kartoffel- und Traubenkrankhet (Mehlthau, Honigthau, Russthau etc.): zugleich als Erläuterung der vier Wandtafeln der Pfl anzenkrankheiten (Four Enemies of Agriculture: Ergot and the Rust of Corn, Potato and Grape Diseases (mildew, honey-dew, Russthau [soot-dew], etc.): With Explanations of the Four Wall Panels of Plant Diseases). Ravensburg: Eugen Ulmer, 1874.

Webb, D. A. (eds: T. G. Tutin et al.) Flora Europaea Volume 5: Alismataceae to Orchidaceae, 2nd (revised) paperback edition. Cambridge: Cambridge University Press, 2010.

Witte, H. Sieboldia, weekblad voor den tuinbouw in Nederland (Sieboldia, Weekly for Horticulture in the Netherlands), Volume 5. Leiden: E. J. Brill, 1879.

Zippel, Hermann. Repräsentanten einheimischer Pfl anzenfamilien in farbigen Wandtafeln mit erläuterndem text: Kryptogamen (Representatives of Indigenous Plant Families with Explanatory Text: Cryptogams). Braunschweig: Friedrich Vieweg & Sohn. 1880.

Zippel, Hermann. Ausländische handels- und Nährpfl anzen zur Belehrung für das Haus und zum Selbstunterrichte (Foreign Trade and Host Plants, for Instruction in the Home and as Lessons). Braunschweig: Friedrich Vieweg & Sohn, 1885.

Zippel, Hermann, Otto Wilhelm Thomé, and Carl Bollmann. Ausländische Kulturpfl anzen in farbigen Wandtafeln mit erläuterndem text (Foreign Crops in Colored Wall Panels, with Explanatory Text), Volume 1. Braunschweig: Friedrich Vieweg & Sohn, 1899.

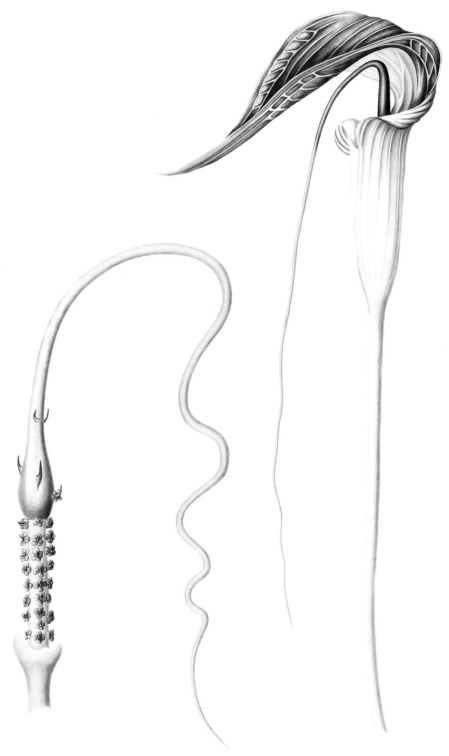

詞彙

瘦果（achene）：單種子的閉合乾果，由單心皮的子房發育而成。

輻射對稱的（actinomorphic）：描述呈放射狀對稱的花，若從中間對分，兩邊幾乎一模一樣；這種花通常具有大小與形狀相似的花被片（也請參見「兩側對稱的」〔zygomorphic〕）。

雄器（androecium）：花的雄性生殖部位，由雄蕊所組成（也請參見「雌器」〔gynoecium〕）。

被子植物（angiosperm）：開花植物，子房內的胚珠一旦受精後，就會發育成種子。

一年生的（annual）：生命週期在一個生長季內完成的植物。

與花瓣對生的（antepetalous）：指每一片花瓣前都有一枚與之對齊的雄蕊。

花藥（anther）：雄蕊的一部分，作用是產生花粉，通常位於花絲的頂端。

花青素（anthocyanin）：可溶於水的紅色、藍色或紫色色素，存在於葉、莖、果實與花等植物組織中。

假種皮（aril）：從種子柄長出的肉質或多毛附屬物，披覆於種子表面。

無性營養器官繁殖（asexual vegetative reproduction）：指一株植物藉由自身的營養器官——例如芽、鱗莖、根莖或莖——進行繁殖，而非透過種子或孢子；新生的植物基因與親代完全相同。

芒（awn）：尖銳硬挺的刺毛，長在禾草花序與某些果實上。

葉腋（axil）：莖與葉、苞片或側枝之間所形成的上方夾角。

腋生的（axillary）：指著生於葉腋處的植物器官，例如芽或聚繖花序。

基生蓮座葉叢（basal rosette）：葉在接近地面處圍繞著莖呈環狀排列。

漿果（berry）：閉合的肉質單果，通常具有許多種子，且顏色鮮豔。

兩年生的（biennial）：生長週期在兩個生長季內完成的植物。

二回羽狀（bipinnate）：指複葉上的小葉又再分裂成小葉。

葉身（blade）：請參見「葉片」（lamina）。

圓凸（boss）：花突出的部分，通常位於正中央。

苞片（bract）：葉狀的特化器官，著生於花或花序的基部。

小苞片（bracteole）：葉狀的特化器官，著生於花的基部，而花序本身則是被另一枚苞片包在葉腋內。

鱗莖（bulb，形容詞為 bulbous）：幼莖特化而成的肉質地下儲存器官，由鱗葉、頂芽與基部莖盤所組成。

珠芽（bulbil）：小型鱗莖，由著生於葉腋、莖上或花序頂端的芽所形成。

花萼（calyx）：萼片的總稱，包含外輪花被。

形成層（cambium）：負責增加莖、根周長的分生組織層。

鐘形的（campanulate）：描述花冠。

頭狀花序（capitulum/a）：由嬌小無梗的花或小花密集排列而成的花序，生長在總苞上，因此外觀就像是一朵較大的花。

蒴果（capsule）：由至少兩枚心皮所形成的開裂乾果。

心皮（carpel）：雌器的一部分，包圍住胚珠，通常由子房、花柱與柱頭所組成（也請參見雌蕊〔pistil〕）。

心皮的（carpellary）：具有心皮的。

柔荑花序（catkin）：總狀或穗狀花序，為適應環境而演化成藉風授粉，通常由許多不具花瓣的無梗單性花所構成。

幹莖（caudex/ices）：1）某些多年生草本植物的膨大宿存莖基；2）蘇鐵、棕櫚或樹蕨的木質莖。

壺形植物（caudiciform）：具有膨大樹幹或莖的植物（也請參見「幹莖」〔caudex〕）。

液泡（cell vacuole）：植物細胞中充滿液體的囊狀胞器，除了內部儲存養分、廢物與其他物質外，也會透過靜液壓的作用使植物硬挺。

聖杯（chalice）：形容通常呈杯狀的花萼。

葉綠素顆粒（chlorophyll grain）：被葉綠素染成綠色的細胞原生質粒子。

渦卷形（circinate）：葉或莖捲起，以致尖端位於渦卷的中央。

葉狀枝（cladode）：特化的葉狀莖，通常會在真葉已減少的植物上看到。

團繖花序（cluster）：從單一的點發出（或看似從該處發出）的花序。

複合的（compound）：1）描述葉時稱為「複葉」（compound leaf），指一枚葉上有兩枚以上的小葉；2）描述花時稱為「聚合花」（compound flower），指一朵花的頂部著生許多細小的花。

毬果（cone）：裸子植物用來結種子的典型結構，通常由螺旋狀排列的木質鱗片所組成。

球莖（corm，形容詞為 cormous）：莖特化而成的肉質地下儲存器官，含有澱粉質薄壁組織與紙質外膜。

花冠（corolla）：花瓣的總稱，包含內輪花被。

副花冠（corona）：從花冠衍生而來的構造，呈冠形或喇叭形，由融合的花絲或花瓣所構成。

皮層（cortex）：莖內的一種組織，位於表皮與維管組織之間。

繖房花序（corymb，形容詞為 corymbose）：特徵是花梗會從莖周圍的不同點升起，長度不同，但最後會形成一個平坦或圓頂狀的花序頂部。

白堊紀（Cretaceous Period）：中生代的最後一個紀，介於距今 1 億 4 千 5 百萬年至 6 千 5 百萬年前之間。

十字形（cruciform）：描述具四枚花瓣的花，花瓣方向垂直，排列成十字形。

十字花科的（cruciferous）：描述十字花科的植物；該科舊學名為 Cruciferae，如今則稱為 Brassicaceae。

殼斗（cupule）：一種杯狀結構：在種子蕨（Cayoniales）中則是指內含胚珠的中空結構，底部有細孔，使花粉能由此進入。

大戟花序（cyathium）：這種花序具有杯狀總苞，內生一朵雌花與樹朵雄蕊，整體看起來就像是一朵較大的花。

聚繖花序（cyme，形容詞為 cymose）：具有分枝的花序；所有的分枝都會長出小花，而主軸頂端的花會最早開。

連萼瘦果（cypsela）：單種子的閉合乾果，由單心皮的下位子房發育而成。

子鱗莖（daughter bulb）：經由無性營養器官繁殖在鱗莖基部形成的分球。

開裂的（dehiscent）：描述果實或花藥沿著明確的分線裂開，以釋放種子或花粉（也請參見「閉合的」〔indehiscent〕定義）。

二歧聚繖的（dichasial）：描述具有兩個分枝的花序。

花盤（disc）：複頭狀花序的中央構造，由花托所形成。

管狀花（disc floret）：頭狀花序中的小花，由邊緣呈鋸齒狀的花冠筒所形成，有時外圍環繞著舌狀花。

傳播翅（dispersal wing）：種子膜的延伸部分，作用是協助種子藉風傳播（也請參見「翼瓣、果翅」〔wing〕）。

多裂的（dissected）：描述葉深裂或反覆裂開形成裂片。

雌雄異株的（dioecious）：指雄性與雌性生殖器官分別生長在不同的植株上（也請參見「雌雄同株的」〔monoecious〕）。

核果（drupe）：閉合的肉質單果，具有一或多顆硬皮種子（稱為「核」〔core〕），通常顏色鮮豔，櫻桃為其一例。

小核果（drupelet）：小型核果，通常為複果（例如黑莓）上聚合的那些小果實。

胚乳（endosperm）：種子內儲存養分的組織。

短生的（ephemeral）：描述生命短暫的植物。

表皮（epidermis）：植物主體的最外層細胞，通常只有一個細胞的厚度。

附生植物（形容詞為 epiphytic）：不在土壤內生根、而是依附其他植物或表面存活的植物，會從空氣、雨水與有機殘體中攝取養分。

無托葉的（exstipulate）：描述不具托葉的植物（也請參見「有托葉的」〔stipulate〕）。

花絲（filament）：雄蕊的柄狀部分，頂端為花藥。

絲狀的（filiform）：如細線般的。

瘦（gall）：植物組織的異常局部腫大或增生部分，由寄生蟲侵襲引發的反應所造成。

無毛的（glabrous）：光滑且不具細毛的。

生長輪（growth ring）：又稱「年輪」（annual ring）；由次生木質部所形成的同心環紋，在木本植物的莖橫切面中明顯可見，每一輪代表著植物一年的生長。

裸子植物（gymnosperm）：這種植物的種子是由無子房包被或裸露的胚珠所發育而成；胚珠通常著生於雌毬果上。

雌器（gynoecium）：花的雌性生殖部位，由一或多枚心皮所構成（也請參見雄器〔androecium〕與雌蕊〔pistil〕）。

吸器（haustorium/a）：一種寄生植物的器官，會穿過宿主植物的組織以吸收養分。

花托筒（hypanthium）：由花瓣、萼片與雄蕊基部融合形成的管狀或杯狀結構。

閉合的（indehiscent）：用來描述不會裂開以釋放種子的果實（也請參見「開裂的」〔dehiscent〕）。

內曲的（inflexed）：朝向莖柄內彎。

花序（inflorescence）：由多於一朵花所組成的花軸頂部。

花序分生組織（inflorescence meristem）：未分化的生長組織（分生組織），介於頂端分生組織（幼莖頂端行營養生長的地方）與花分生組織（花生成的地方）之間的階段。

漏斗狀（infundibuliform）：形狀如漏斗的。

聚合果（infructescence）：花序的結果階段。

葉柄間的（interpetiolar）：位於葉柄之間的。

總苞（involucre）：在開花植物中排成輪狀的苞片，包被於緊密的花序（例如頭狀或繖形花序）基部。

龍骨瓣（keel）：在豆科植物的蝶形花中，下方的兩枚花瓣在低緣處融合而成的船狀構造。

唇瓣（labellum）：由花瓣或萼瓣融合而成、或是由最下方花瓣所形成的唇狀結構；通常目的是為授粉昆蟲提供降落平台。

葉片（lamina）：一貫扁平的葉身。

披針形（lanceolate）：指葉的長度大於寬度，且下方較闊，頂端漸尖。

莢果、豆科植物（legume，形容詞為leguminous）：1）由單心皮發育而成的開裂乾果，具有一或多顆大型種子；2）隸屬於豆科的植物。

射髓（medullary ray）：在木質莖中，由髓延伸而成的薄片狀或帶狀部分，向外呈輻射狀伸展至皮層；負責輸送樹液。

分生組織（meristem）：一種植物組織，內含為生長而分裂的細胞，有時未分化，有時則會分化成葉或花的細胞。

小孢子囊（microsporangium）：孢子植物中用來製造小孢子的囊袋；類似於開花植物中的花粉囊（也請參見「小孢子葉」〔microsporophyll〕）。

小孢子葉（microsporophyll）：在孢子植物中，有小孢子囊著生於上的特化葉（也請參見「雄毬果」〔pollen cone〕）。

分子系統發生學（molecular phylogenetics）：藉由分析分子結構（特別是DNA）以研究生物演進的學科。

一次結實的（monocarpic）：描述一生中只會開花與結果一次的植物；植物有可能活好幾年都不開花。

雌雄同株的（monoecious）：指雄性與雌性生殖器官生長在同一植株的不同花上（也請參見「雌雄異株的」〔dioecious〕）。

單型的（monotypic）：只涵蓋一種較低階成員的分類單元，例如只含有單一物種的屬。

形態學（morphology，形容詞為morphological）：在植物學中，研究生物外形與結構的學科。

黏液（mucilage，形容詞為mucilaginous）：吸收水分以形成黏稠液體的有機物質。

蜜腺（nectary）：分泌蜜的腺體。

針葉（needle）：細長的針狀葉，如此形狀是為了減少水分流失，在毬果植物中尤其常見。

節（node）：莖上長出葉、幼枝或花的位置。

小堅果（nutlet）：單種子的閉合乾果，由多心皮構成，儘管其中一枚心皮發展成具堅硬木質果皮的小型堅果。

若蟲（nymph）：某些昆蟲（例如蜻蜓）的未成熟形體。

子房（ovary）：由單一或數枚心皮融合形成的膨大基部，內含胚珠。

卵形（ovate）：描述葉或果實，長度約為寬度的1.5倍，輪廓如蛋形，中間偏下的位置最寬。

胚珠（ovule）：子房內的雌性器官，在經歷授粉與受精後會形成種子。

掌狀（palmate，副詞為palmately）：1）具有至少四片小葉的複葉，這些小葉皆從同一點發出；2）一種葉脈的紋路，由數條明顯的葉脈從葉片基部向外放射。

圓錐花序（panicle）：具有分枝的花序，通常是由從主軸發出的總狀花序所形成，某些禾本科植物的花序就屬此例。

泛生論（pangenesis）：一種假說，內容描述一個生物的所有細胞都會釋放遺傳分子到血液內，接著這些遺傳分子會在生殖細胞內累積。

蝶形（papilionaceous）：蝶形花亞科的花形，屬於兩側對稱花，花瓣分化成上方的大片旗瓣、兩側的翼瓣，以及由下方兩片花瓣融合而成的龍骨瓣。

乳突的（papillate）：表面披覆著微小的圓錐形或圓形隆起物。

冠毛（pappus）：成簇或輪生的細毛、刺毛或鱗片，由特化的花萼所形成，目的是幫助果實或種子藉風傳播。

孤雌生殖（parthenogenesis，副詞為parthenogenetically）：一種繁殖方式，過程中未受精的卵細胞或卵子會發育成胚芽。

花梗（pedicel）：單朵花的柄狀構造。

花序梗（peduncle）：花序的主莖。

盾形（peltate）：一種葉的結構，其中葉下表面的中央與葉柄相連。

瓠果（pepo）：特化的肉質漿果，表皮堅硬。

多年生的（perennial）：壽命橫跨多個季節的植物，通常某些部分會在冬天死去，到了春天又重新生長。

花被（perianth）：花萼與花冠的總稱。

花瓣（petal）：特化的葉與部分花冠，通常在仰賴授粉昆蟲的花上較為顯著。

葉柄（petiole）：葉的柄狀結構，連接葉片與莖。

韌皮部（phloem）：主要負責攜帶養分至植物各部位的運輸或維管組織（也請參見「維管束系統」〔vascular system〕與「木質部」〔xylem〕）。

種系發生（phylogenesis，亦稱phylogeny；形容詞為phylogenetic）：一群生物的演化歷史，通常以譜系樹的方式加以描述。

羽狀（pinnate，副詞為pinnately）：描述具有互生或對生小葉的複葉，小葉沿著中央的葉軸排列。

羽狀全裂（pinnatisect）：描述具有深裂裂片的葉。

雌蕊（pistil，形容詞為pistillate）：花的雌性生殖部位，由單一或數枚合生或離心皮所構成（也請參見「雌器」〔gynoecium〕）。

胎座（placenta）：子房內的組織，可能與之相連的包括胚珠、孢子或孢子囊。

原生質（plasma）：細胞內的物質。

摺扇狀（plicate）：描述葉縱向摺疊，樣子就像是一台手風琴。

極核（polar nucleus）：胚珠中的雌核，共有一對；在受精過程中，這兩個極核會與一個精細胞（雄配子）結合，進而形成胚乳核（也請參見「花粉管」〔pollen tube〕與「子房」〔ovary〕）。

花粉（pollen）：花粉粒的單稱或總稱。

雄毬果（pollen cone）：毬果植物中的雄性毬果，具有從中軸向外延伸的小孢子葉；每一片小孢子葉下都有一個或數個小孢子囊。

花粉粒（pollen grain）：種子植物的細微粉狀小孢子，能夠保護包含於其內的精細胞（雄配子）；亦稱為「花粉」（也請參見「花粉囊」〔pollen sac〕）。

花粉塊（pollen mass）：大量花粉粒藉由纖細的花絲或蠟狀物質黏結在一起；在蘭科植物中稱為pollinium。

花粉囊（pollen sac）：花粉於內形成的囊袋；在被子植物中，花粉囊——通常有四個——位於花藥內，在毬果植物中則位於雄毬果的葉腋內。

花粉管（pollen tube）：花粉粒的衍生構造，在授粉後形成，朝被子植物中的胚珠延伸，目的是要將雄配子帶往卵細胞或卵子。

多頭的（polycephalous）：結有許多頭狀物的。

梨果（pome）：結實的肉質假果，由合生心皮的子房與花萼、花托筒共同發育而成，中間藏有真果，也就是「果核」；蘋果與梨子皆屬仁果。

孔裂蒴果（poricidal capsule）：裂開形成小孔以散播種子的蒴果（也請參見「開裂的」〔dehiscent〕）。

皮刺（prickle）：由植物表皮所衍生的棘狀物，在玫瑰的莖上可以看到（也請參見「棘刺」〔thorn〕）。

初生木（primary wood）：初生木質部，於植物的第一次生長期間形成（也請參見「次生木」〔secondary wood〕）。

假鱗莖（pseudobulb）：脹大的球狀莖基，是某些蘭科植物中的儲水器官。

總狀花序（raceme）：不分枝的長軸花序，軸上的有梗小花由基部開始綻放。

葉軸、花序軸（rachis）：花序或羽狀葉的主軸。

舌狀花（ray floret）：頭狀花序中的迷你小花，由帶狀的花冠筒所形成，有時位於內圈管狀花的周圍。

花托、花序托（receptacle）：1）（支撐著單朵花的）花梗頂端的膨大部位；2）花序梗頂端膨大且縮短的部位，通常呈凸狀，但有時為支撐頭狀花序而呈平坦的盤狀。

樹脂溝（resin canal）：細胞間的管道，能分泌樹脂，許多裸子植物的葉子內都有此一構造；亦稱為 resin duct。

網狀的（reticulate）：具有網狀圖樣的，可用於形容葉脈。

根莖，形容詞為 rhizomatous）：會分枝的地下莖，能行無性營養器官繁殖，朝水平方向生長；有些根莖為肉質儲存器官，有些則呈繩索狀。

根莖、砧木（rootstock）：1）植物位於地底下的部分；2）多年生草本植物的根部與根；3）嫁接時植物承受接穗（接木上部）的部位。

走莖（runner）：蔓生的莖，能夠從節生根與長出小苗。

翅果（samara）：一種瘦果──單種子的閉合乾果，由單心皮子房所形成──具翅以協助種子藉風傳播。

腐生植物（saprophyte，形容詞為 saprophytic）：從腐爛的有機質上獲得營養的植物，通常缺乏行光合作用所需的葉綠素。

肉質種皮（sarcotesta）：種子的肉質外皮。

鱗片（scale）：1）縮小的特化葉，通常無柄且缺乏葉綠素；2）表皮或隔膜的淺薄衍生物，可見於葉或莖的表面。

花葶（scape）：單生花或單頂花序的無葉莖。

離果（schizocarp）：一種乾果，由至少兩枚心皮所形成。

次生木（secondary wood）：次生木質部，主要負責增加木本植物的周長（也請參見「生長輪」〔growth ring〕與「初生木」〔primary wood〕）。

萼片（sepal，形容詞為 sepaloid）：花萼的組成部分，通常為綠色，而且比花瓣小，但有時外形與花瓣相似。

鋸齒狀（serrated）：描述葉緣呈細齒狀。

無梗的、無柄的（sessile）：不具花梗或葉柄的。

短角果（silicula）：由兩枚心皮發育而成的開裂乾果，扁莢外形，中央有一隔膜；種子隨種莢從隔膜脫落而顯露出來；短角果的長度小於寬度三倍。

長角果（siliqua）：類似於短角果，但長度等於或大於寬度三倍。

肉穗花序（spadix）：肉質的穗狀花序，上面長有無梗小花，通常由一佛焰苞所包覆或圍繞。

佛焰苞（spathe）：大型顯著的苞片，圍繞在肉穗花序外側，通常顏色鮮豔，以吸引授粉昆蟲靠近。

穗狀花序（spike）：不分枝的花序，由無梗小花所構成。

葉刺（spine）：尖銳的特化葉，作用是為植物提供防禦與減少水分流失。

孢子囊（sporangium/a）：一種囊袋結構，內含能發育成孢子植物的孢子。

孢子（spore）：不開花植物在無性繁殖階段的基本單位。

孢子葉（sporophyll）：有一或多個孢子囊著生於上的特化葉。

雄蕊（stamen）：花的雄性部位，包含花絲與花藥（也請參見「雄器」〔androecium〕與「雌蕊」〔pistill〕）。

雄性的（staminate）：描述不具雌性部位的花。

旗瓣（standard）：在豆科植物的蝶形花當中最上方的大型花瓣，通常筆直挺立，為蝶形花的典型特徵。

柱頭（stigma）：雌蕊頂端演變成能接收花粉的部位；花粉粒萌發成花粉管的地點。

托葉（stipule）：具保護作用的葉狀結構或鱗片，通常成對著生於葉或葉柄基部（也請參見「無托葉的」〔exstipulate〕與「具托葉的」〔stipulate〕）。

具托葉的（stipulate）：具有托葉的（也請參見「無托葉的」〔exstipulate〕）。

氣孔（stoma）：一種孔道，位於植物地上部分的表皮（例如葉表），使大氣與植物組織之間得以交換氣體。

花柱（style）：心皮或雌蕊的組成部分，連接柱頭與子房。

多肉植物（succulent）：一種生長於乾旱棲地的植物，利用肥大的肉質莖或葉儲存水分；多肉植物有時具有極其微小的葉子，藉以將水分流失降到最小；仙人掌是其中一種多肉植物。

合生心皮的（syncarpous）：描述具有合生心皮的雌器。

主根（taproot）：垂直向下生長的單一主軸根，有時也是一種肉質的儲存器官。

分類學（taxonomy）：研究生物分類的學科。

花被片（tepal）：花瓣與萼片無明顯分化時的合稱（也請參見「花萼」〔calyx〕、「花冠」〔corolla〕與「花被」〔perianth〕）。

葉狀體（thallus）：藻類、地衣或真菌（莖、葉或根之間無分化）的營養部位。

刺棘（thorn）：由莖所衍生的尖銳突起物，在山楂的莖上也看得到（也請參見「皮刺」〔prickle〕）。

三疊紀（Triassic）：中生代的第一個紀，介於2億5千萬年前至2億年前之間。

葉毛（trichome）：由植物表皮細胞所衍生的突起物。

塊莖（tuber，形容詞為 tuberous）：莖或根特化而成的肉質儲存器官；塊莖具有芽（或稱「芽眼」〔eye〕），塊根則無。

繖形花序（umbel）：頂端平坦的花序，每一條花梗或葉柄皆從主莖或花序梗的單一點生出，最早開的位於邊緣。

繖形花序的（umbellate）：描述花序呈繖形排列。

單室的（unilocular）：具有一個腔或小室的，可用於描述心皮、子房或孢子囊。

維管束（vascular bundle）：植物中由初生維管組織所形成的束狀結構（也請參見「維管束系統」〔vascular system〕）。

維管束系統（vascular system）：負責運送維管組織（例如韌皮部與木質部）至植物各部位的網絡。

維管組織（vascular tissue）：植物中的運輸組織，

例如韌皮部與木質部。

小黏盤（viscidium/a）：某些蘭花的特化部位──柱頭上具有黏性的部分，用於黏著蠟質的花粉塊，使花粉塊更容易被移送到授粉昆蟲那裡。

翼瓣、果翅（wing）：1）在豆科植物的蝶形花當中位於兩側的花瓣，為蝶形花的典型特徵（也請參見「龍骨瓣」〔keel〕與「旗瓣」〔standard〕）；2）果實的膜狀延伸構造，以幫助種子藉風傳播，例如翅果就具有此一構造。

木質部（xylem）：一種維管組織，主要負責從根部攜帶水分與可溶性礦物質至植物各部位（也請參見「韌皮部」〔phloem〕與「維管束系統」〔vascular system〕）。

木質纖維（xylem fiber）：木質部組織內的支持細胞，具有木質化的細胞壁。

兩側對稱的（zygomorphic）：描述兩側呈對稱的花，也就是僅沿著一個平面切開後兩邊會對稱的花；這種花通常具有大小與形狀多變的花被片（也請參見「輻射對稱的」〔actinomorphic〕）。

受精卵（zygote）：雄細胞（精子）與雌細胞（卵）融合後所形成的單一受精細胞，發生於細胞分裂之前。

索引

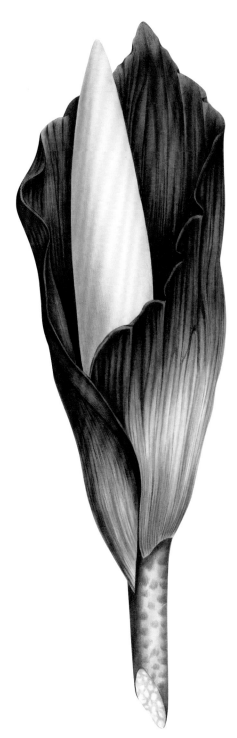

謝辭
依照來源順序

Ilex Press出版公司要感謝以下圖片來源、館藏及各單位員工的暖心協助，使這本書得以完成；包括延斯・詹・安德森（Jens Jan Andersen）、瑪莉–勞倫・博德蒙（Marie-Laure Baudement）、賈斯・畢倫斯（Jos Beerens）、麗莎・德賽薩爾（Lisa DeCesare）、安妮塔・迪克斯特拉（Anita Dijkstra）、艾琳・達福斯特拉（Eline Delftstra）、法蘭斯・馮・丹・霍文（Frans van den Hoven）與莫妮克・賈斯帕（Monique Jaspars）、黛比・蓋爾（Debbie Gale）、簡・威靈・俞斯曼（Jan Waling Huisman）與希斯卡・阿克曼（Ciska Ackermann）、諾伯特・基蘭博士（Dr Norbert Kilian）、賽特斯・馮・德爾・李斯特（Sytse van der Leest）、薩斯基亞・斯伯爾（Saskia Speur）與伊凡・德・威特（Yvonne de Wit）、莎拉・米歐爾（Sara Mior）、瑪格雷特・佩扎拉–格蘭隆德（Margaret Pezalla-Granlund）、伊莉莎白・普萊斯（Elisabeth Price）、皇家生物學會會員萊斯里・羅伯森博士（Dr Lesley Robertson FRSB）、菲立普・羅西諾（Philippe Rossignol）、凱莉・羅伊（Carrie Roy）、史蒂芬・席農（Stephen Sinon）、米蘭・斯卡利基（Milan Skalicky）、魯德・威爾斯特拉（Ruud Wilstra），以及埃利奧諾拉・簡（Eleonora Zen）。

奧胡斯大學圖書館（AU Library），安姆德魯普校區（campus Emdrup (DPB)），奧胡斯大學（Aarhus University） 36, 142, 143, 187

阿姆斯特丹大學（University of Amsterdam），特色館藏（Special Collections） 7, 28–29, 38–39, 54–55, 66–67, 77, 90–91, 93, 112–113, 128, 146, 149, 154, 156–157, 164–165, 170– 171, 183, 189, 193, 198, 209

勃艮第大學（University of Burgundy），第戎（Dijon） 20–21, 50-51, 88–89, 96–97, 111, 116–117, 134–135, 181

高德圖書館（Gould Library），卡爾頓學院（Carleton College），諾斯菲爾德（Northfield） 119

亨特植物學檔案研究所（Hunt Institute for Botanical Documentation），卡內基美隆大學（Carnegie Mellon University），匹茲堡（Pittsburgh） 202

植物學與植物生理學系（Department of Botany and Plant Physiology），自然資源管理與生態工程學院（FAFNR），捷克生命科學大學（Czech University of Life Sciences），布拉格 37, 42–43, 46–7, 74–75, 78–79, 120–121, 130–131, 151, 178–179, 190

台夫特理工大學微生物學院檔案館（Delft School of Microbiology Archives at Delft University of Technology） 15, 41, 59, 60, 86, 99, 104, 114, 127, 137, 145, 148, 159, 197

喬凡尼・普拉提古典高中圖書館（Biblioteca Liceo Classico Giovanni Prati），特倫托（Trento） 53

大學博物館（University Museum），格羅寧根（Groningen） 12, 13, 56, 57, 64, 65, 68–69, 136, 208, 210, 211

經濟植物學檔案館（Economic Botany Archives），哈佛大學，麻薩諸塞州劍橋（Cambridge MA） 2, 49, 81, 108, 133, 139, 172, 175, 191, 195, 199, 212, 214–215

喬斯・貝倫斯貿易公司（Jos Beerens Handelsonderneming） 85, 163

De Kantlijn.com 11

紐約植物園圖書館（The LuEsther T Mertz Library of The New York Botanical Garden） 166, 201

霍肯圖書館（The Hocken Collections，毛利語：Uare Taoka o Hakena），奧塔哥大學（University of Otago），但丁尼（Dunedin） 8, 22–23, 45

倫道夫學院（Randolph College），林奇堡（Lynch-burg） 123

盧西諾出版社（Editions Rossignol） 176–177

羅韋雷托市立博物館（Fondazione Museo Civico di Rovereto） 17, 25, 95, 140–141, 155, 160, 161, 184–185

大學博物館（University Museum），烏特勒支（Utrecht） 30, 82–83

瓦格寧根大學暨研究中心圖書館（Wageningen UR Library），特色館藏 35, 72, 100, 102–103, 107, 152–153, 167

教學圖片資料庫（Schoolplaten） 4, 27, 33, 169, 125